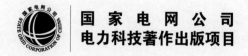

国家电网公司
电力科技著作出版项目

ZHILIU SHUDIAN XIANLU LEIJI FANGHU
YU GONGCHENG YINGYONG

直流输电线路
雷击防护与工程应用

谷山强 王 剑 赵 淳 万 帅 等 编著

中国电力出版社
CHINA ELECTRIC POWER PRESS

内 容 提 要

本书结合编者近年来围绕直流输电线路雷击防护相关技术开展的研究实践工作，全面阐述了直流输电线路的雷击特征、防雷性能、防雷措施、专用避雷器、防雷设施试验检测与运行维护、工程实践案例等内容。

全书共 7 章，第 1 章概述了直流输电的发展历程及故障特征；第 2 章介绍了直流输电线路的雷击特征；第 3 章介绍了直流输电线路的防雷性能；第 4 章介绍了直流输电线路各防雷措施的优缺点及适用性；第 5 章介绍了直流输电线路专用避雷器的工作原理、性能参数及结构组成；第 6 章介绍了防雷设施试验检测与运行维护要求；第 7 章介绍了典型的工程实践案例。

本书可为从事直流输电线路雷击防护技术研究的专业人士提供指导，也可为从事直流输电线路雷击防治、设备运维检修相关专业人员以及管理人员提供参考。

图书在版编目（CIP）数据

直流输电线路雷击防护与工程应用 / 谷山强等编著. —北京：中国电力出版社，2021.12
ISBN 978-7-5198-6257-2

Ⅰ. ①直⋯ Ⅱ. ①谷⋯ Ⅲ. ①直流输电线路–防雷工程–研究 Ⅳ. ①TM726

中国版本图书馆 CIP 数据核字（2021）第 253090 号

出版发行：中国电力出版社
地　　址：北京市东城区北京站西街 19 号（邮政编码 100005）
网　　址：http://www.cepp.sgcc.com.cn
责任编辑：赵　杨（010-63412287）
责任校对：黄　蓓　于　维
装帧设计：张俊霞
责任印制：石　雷

印　　刷：三河市万龙印装有限公司
版　　次：2021 年 12 月第一版
印　　次：2021 年 12 月北京第一次印刷
开　　本：710 毫米×1000 毫米　16 开本
印　　张：15.25
字　　数：255 千字
印　　数：0001—1000 册
定　　价：90.00 元

《直流输电线路雷击防护与工程应用》
编著人员

谷山强	王 剑	赵 淳	万 帅	李 健
刘敬华	冯万兴	彭 波	李 哲	吴 敏
曹 伟	雷梦飞	任 华	姜文东	龚政雄
马建国	许 衡	汤亮亮	郭利瑞	张午阳
严 波	杨 波	王晓峰	祝永坤	刘 新
刘江钒	陈 路	杜雪松	章 涵	吴大伟
曾 瑜	王佳婕	梁文勇		

直流输电技术兴起于 20 世纪 50 年代，其发展初期并未受到太多关注。随着直流输电工程的不断建成、规模不断扩大，直流输电技术有效解决了能源资源与负荷中心逆向分布的问题，技术优势逐渐凸显。20 世纪下半叶，世界上已成功投运的直流输电工程达 60 余项，其中，仅 20 世纪 80～90 年代就有 40 项，从此多国掀起了直流输电技术的研究和应用热潮。为解决能源资源与能源负荷中心地理分布不均衡问题，我国投入了大量的人力、物力开展直流输电技术研究与工程建设相关工作，30 年来陆续建成 ±400kV 及以上电压等级大容量直流输电工程 30 多个，总容量达 162GW 左右。近几年，我国直流输电技术在过电压与绝缘配合、电磁环境控制、直流设备研制等关键技术方面进一步创新突破，建成了多项世界上电压等级更高、容量更大的特高压直流输电工程。同时，我国直流输电技术也在国外获得了一定规模的推广应用，如巴西美丽山 ±800kV 特高压直流输电工程的建成投运，标志着我国特高压直流输电技术发展已进入成熟阶段。

直流输电技术具有输送容量大、送电距离长、运行损耗小等优点，应用前景广阔，但也由此衍生出一些实际运行问题，如动辄上千千米的通道内环境变化复杂多样，雷击、外破、风害、冰害等因素引起线路跳闸的潜在威胁大幅提升，且输送容量大的优点也可能导致故障后引起的损失呈几何倍数增长，甚至会造成电网系统较大的功率缺额，严重影响电网安全稳定运行。在众多威胁因素中，雷击是造成直流输电线路故障的最主要原因。据统计，雷击造成直流输电线路故障重启的占比高达 50% 以上，严重影响直流输电线路安全稳定运行。

直流输电线路在工作电压、绝缘配置、沿线通道环境及保护策略等方面与交流输电线路存在较大不同，导致其在故障类型分布、故障处置方式、雷击防护手段及综合治理策略等方面均与交流输电线路存在明显差异。因此，现有交流输电线路雷害分析方法及防护措施难以解决直流输电线路雷害问题。同时，伴随着直流输电工程的大规模建设投运，以及近年来全球气候变化导致的极端天气发生频率和强度明显增加，直流输电线路呈现出一些特有的故障特征，对其雷击防护工作提出了新的挑战，具体包括以下方面：输送距离远、管辖单位多，如何实现雷击故障点快速定位、雷击痕迹准确捕捉等；网架规模极大、运行方式独特、通道环境复杂，如何科学、准确掌握其雷害风险分布等特征；正极性导线绕击特征明显、传统防雷措施效果有限，如何采用可靠防雷设施有效降低直流输电线路绕击雷害问题。

为有效降低雷击对直流输电线路安全稳定运行的威胁，国内外已有学者及研究机构对直流输电线路雷击机理、风险分析及防护技术等方面开展了相关研究，包括全面搜集直流输电线路雷击故障，系统深入地研究雷击故障特征规律；利用雷电监测数据开展雷电活动与雷击故障关联性分析工作；通过电磁暂态计算程序、电气几何模型等方法，对考虑了"极性效应"的单基杆塔的雷击接闪过程进行仿真计算；探索性研发新型防雷设施，以期实现正极性导线的绕击全防护；充分总结运行经验，完善直流输电线路运行考核指标。通过上述研究，直流输电线路雷害分析及防护理论取得了一定突破，可以较为清楚地解释正极性导线雷击故障频发的原因；单基杆塔的防雷性能仿真计算也为后期全通道雷害风险评估工程化应用奠定基础。

为进一步做好直流输电线路雷击防护工作，技术人员在已有研究基础上，紧密围绕直流输电线路雷击故障特征，相继开展了雷电预警主动防护、全通道雷害风险评估、雷击防护装备研发和雷击故障研判等关键技术研究工作，相关成果已在各电压等级直流输电线路上开展深度应用。目前，全通道雷害风险评估技术已应用于所有直流输电线路，掌握了线路雷害分布特征，为后期防治工作提供了科学依据；研制了各电压等级直流输电线路专用避雷器（简称直流输电线路避雷器或线路避雷器），并对雷害高风险区段进行针对性防护，且在多条线路上成功应用；研发了面向直流输电线路的分布式行波监测装置并实现大规模推广应用，为直流输电线路故障研判提供了关键数据支撑。经过长期不懈的努力，直流输电线路雷害得到有效控制，运维效率大幅提升，我国电网雷击故障重启率下降了80%。

为促进直流输电线路雷击防护关键技术及应用经验得到更好的推广，让从事直流输电线路雷电防护工作的技术研究人员及专业管理人员熟悉直流输电线路的雷击特征、防雷性能、治理策略、防护装备及应用场景，本书编者结合近年来相关研究成果和工程应用，编著完成了《直流输电线路雷击防护与工程应用》一书。

本书围绕直流输电线路雷击防护相关技术，较为系统、全面地阐述了直流输电线路的雷击特征、防雷性能、防雷措施、专用避雷器、防雷设施试验检测与运行维护、工程实践案例等内容。全书共 7 章，第 1 章概述了直流输电的发展历程及故障特征；第 2 章介绍了直流输电线路的雷击特征；第 3 章介绍了直流输电线路的防雷性能；第 4 章介绍了直流输电线路各防雷措施的优缺点及适用性；第 5 章介绍了直流输电线路专用避雷器的工作原理、性能参数及结构组成；第 6 章介绍了防雷设施试验检测与运行维护要求；第 7 章介绍了典型的工程实践案例。

在本书的编写过程中，清华大学何金良教授、中国电机工程学会聂定珍顾问提出了诸多宝贵的建议，国网上海市电力公司、国网江苏省电力有限公司、国网浙江省电力有限公司、国网安徽省电力有限公司、国网湖北省电力有限公司、国网湖南省电力有限公司、国网重庆市电力公司、国网内蒙古东部电力有限公司、国网青海省电力公司、国网西藏电力有限公司等单位的线路管理和运维人员提供了宝贵的案例材料，在此一并致以衷心的感谢！

由于作者水平和时间有限，书中难免存在疏漏和不足之处，恳请广大专家和读者批评指正。

编著者

2021 年 8 月

目录

概　　述

直流输电具有输送容量大、距离长、运行损耗小等优点，近年来在我国得到了快速发展，目前已成为电力系统中的重要输电形式。但由于直流输电线路自身的一些特性，使其在故障特征、防雷性能等方面与交流输电线路存在显著差异。本章从直流输电的发展历程、直流输电线路故障特征、直流输电线路雷击故障特征以及直流输电线路雷击防护特征四个方面进行概述。

1.1　直流输电的发展历程

直流输电是指由发电厂发出的交流电，经整流换流站变换成直流电，然后通过直流输电线路另一端的逆变换流站逆变成交流电送到受端电网的一种输电方式。最早的直流输电是用直流发电机直接向直流负荷供电，没有整流和逆变过程。1882 年，法国物理学家德普勒用装设在米斯巴赫煤矿中的直流发电机，以 1.5～2.0kV 电压，沿着 57km 的电报线路，把直流电送到在慕尼黑举办的国际展览会上，完成了有史以来的第一次直流输电试验。1954 年，瑞典建成瑞典本土—果特兰岛的世界上第一条直流输电工程，海底电缆长度约为 100km。1965 年，苏联建成投运的伏尔加格勒—顿巴斯±400kV 输电工程，为世界首条架空高压直流输电工程。随后直流输电技术在欧洲、巴西、南非、日本、中国等国家和地区得到快速发展。据统计，1954～2000 年世界上已投入运行的直流输电工程有 60 余项。20 世纪后半叶，直流输电工程在远距离、大容量输电及电网互联等方面发挥了重要作用。

从 20 世纪 60 年代开始，我国电力设备研究及制造单位开始对直流输电进行试验室研究。1974 年，西安高压电器研究所建成 8.5kV/200A/1.7MW、采用 6

脉动换流器的背靠背换流试验站。1987 年，我国首个高压直流输电工程——舟山±100kV 高压直流输电工程建成投运，工程额定直流电流 0.5kA，额定输送功率 100MW，全长 54km，其中包括海缆线路 13km。该工程开启了我国直流输电技术发展的新时代。

我国直流输电电压等级序列形成的主要因素包括已具备的生产制造规模及运行经验，设备研发、制造能力及运输条件，电源开发规模及系统送、受端电能需求，直流输电距离，直流系统对自然环境及电力系统安全稳定运行的影响，工程投资及输电经济性等。为满足未来我国直流输电在输送容量、输电距离等方面的多样化需求，同时考虑到降低输电损耗、降低造价、实现设备制造的序列化，我国相关科研机构对超/特高压直流输电电压等级序列进行研究，提出了直流电压等级序列推荐方案，选择±400、±500、±660、±800、±1100kV 直流输电电压等级序列，形成了合理和经济的直流输电电压等级序列。

1990 年 8 月建成投运的葛洲坝—南桥±500kV 直流输电线路（简称葛南线）是我国第一个"西电东送"的长距离、大容量高压直流输电线路，线路额定电流 1.2kA，额定输送功率 1200MW。从此，我国±500kV 直流输电线路建设步入快速发展阶段。2001～2011 年，我国先后建成天生桥—广州±500kV 直流输电线路、龙泉—政平±500kV 直流输电线路（简称龙政线）、江陵—鹅城±500kV 直流输电线路(简称江城线)、贵州—广东±500kV 直流输电线路、宜都—华新±500kV 直流输电线路（简称宜华线）、团林—枫泾±500kV 直流输电线路（简称林枫线）等。

2010 年 6 月，我国自主设计建设的云南—广东±800kV 特高压直流输电线路建成投运。该线路是世界首条±800kV 直流输电线路，同时也是当时世界上电压等级最高的直流输电线路，额定输送功率 5000MW。2010 年 7 月，复龙—奉贤±800kV 特高压直流输电线路（简称复奉线）建成投运，线路西起四川向家坝复龙换流站，东至上海市奉贤换流站，途经四川、重庆、湖北、湖南、安徽、浙江、江苏、上海 6 省 2 市，线路全长 1907km，额定输送功率为 6400MW。2012 年 12 月，锦屏—苏南±800kV 特高压直流输电线路（简称锦苏线）建成投运，线路西起四川西昌裕隆换流站，东至江苏苏州同里换流站，途经四川、云南、重庆、湖南、湖北、安徽、浙江、江苏 7 省 1 市，线路全长 2059km，额定输送功率 7200MW。2014 年 7 月，宜宾—金华±800kV 特高压直流输电线路（简称宾金线）建成投运，线路起于四川宜宾换流站，止于浙江金华换流站，途经四川、贵州、湖南、江西、浙江 5 省，线路全长 1653km，额定输送功率 8000MW。复奉、锦苏、宾金线线路长度长，电能输送目的地均集中在用电负荷较大的华东地区，为我国"西电东送"的大动脉，由于其重要性高于其他特高压直流输电线路，因此当时被国家电网有限公司（简称国网公司）称为三大特高压直流输电线路。

2011 年 11 月，银川东—胶东±660kV 直流输电线路（简称银东线）投运，线路全长约 1230km，开启了我国"西电东送"的北通道。同年 12 月，柴达木—拉萨±400kV 直流输电线路（简称柴拉线）投运，线路全长约 1030km，沿线海拔为 3767～5300m，其中海拔 4000m 以上的线路约占线路总长度的 97%，是世界上海拔最高的直流输电线路，该线路增强了青海地区富余水电的外送能力。

2019 年 9 月，昌吉—古泉±1100kV 特高压直流输电线路（简称吉泉线）正式竣工投运，线路全长约 3320km，额定输送功率 12 000MW，该线路是目前世界上电压等级最高、输送容量最大、输送距离最远、技术水平最先进的特高压输电线路，开启了特高压输电技术发展的新纪元。为满足超远距离的电力传输需求，亟待研究更高电压等级的直流输电技术。目前，我国已完成±1300kV 特高压输电线路加压试验，同时完成±1500kV 电压等级直流输电系统主回路概念设计。

截至 2020 年底，我国在运高压、超高压直流输电线路 21 条，特高压直流输电线路已投运 16 条，直流输电线路总输送长度约为 48 590km。直流输电线路因其具有结构简单、线路造价低、走廊利用率高、运行损耗小、维护便利及满足大容量、长距离输电要求的特点，在电网建设中得到越来越多的应用。

直流输电线路具有以下特征：

（1）输送距离长。我国单条直流输电线路输送距离普遍大于交流输电线路，其中吉泉线输送长度约为 3320km，为目前世界上输送长度最长的输电线路。同时，特高压直流输电线路投运总长度大于特高压交流输电线路投运总长度。截至 2020 年底，国网公司已投运和在建特高压交、直流输电线路长度如图 1-1 所示。已投运和在建的特高压直流输电线路长度均远大于特高压交流输电线路长度。

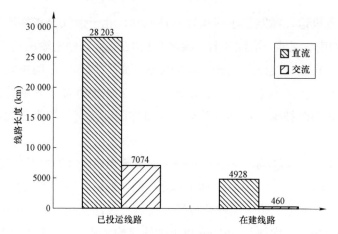

图 1-1　国网公司已投运和在建特高压交、直流输电线路长度（截至 2020 年底）

（2）输送容量大。特高压直流输电线路平均输送容量 8000MW，是我国"西电东送"的重要输电形式，特别是 ±1100kV 输电线路，输送容量高达 12 000MW，1000kV 特高压交流输电线路输送容量一般为 7000MW。我国直流输电系统的应用十分广泛，实际工程中一般利用其输电距离长、中间无须落点等优点，实现长距离、无落点的大容量电能输送。

（3）电能损失小。不同于交流输电线路的三相导线，直流输电线路的导线只有两极，没有集肤效应，导线的截面利用充分，因此导线电阻损耗比交流小，且没有感抗和容抗的无功损耗；同时，直流输电线路的空间电荷效应使其电晕损耗和无线电干扰都比交流输电线路小。总体而言，直流输电线路的输电效率优于交流输电线路，且线路建设初期投资和年运行费用均比交流输电线路少。

（4）系统稳定性强。由于交流系统具有电抗，输送的功率有一定的极限，当系统受到某种扰动时，有可能使线路上的输送功率超过它的极限，这时送端和受端可能失去同步造成系统解列，线路长度越长，扰动影响越明显。由于直流系统没有电抗，采用直流输电线路连接两个交流系统，不存在上述的稳定问题，即直流输电不受输电距离的限制。另外，由于直流输电与系统频率、系统相位差无关，所以直流输电线路可以连接两个频率不相同的交流系统。

（5）地形地貌差异大。直流输电距离远，跨越省份较多，沿线地形地貌差异大。一般情况下，一条"西电东送"的 ±800kV 直流输电线路，会途经山顶、沿坡、山谷、爬坡、平地等，直流输电线路沿线典型地形地貌如图 1-2 所示。

(a)   (b)

(c)

图 1-2　直流输电线路沿线典型地形地貌
(a) 平地；(b) 沿坡；(c) 山顶

（6）密集通道多。截至 2021 年 10 月，国网公司共有 22 处密集通道，其中 13 处为直流通道。22 处密集通道包含输电线路 70 回，其中直流输电线路 56 回，占密集通道线路总数的 80%。以目前通道内输电线路数量最多的池州—九华通道为例，该通道内包含 7 回输电线路，其中直流输电线路 5 回，分别为复奉线、锦苏线、灵绍线（灵州—绍兴±800kV 直流输电线路）、葛南线、林枫线。此外，还有安庆—池州通道、酒泉—武威通道等，均为典型直流密集通道（如图 1-3 所示）。

直流输电线路具有输送距离长、输送容量大、稳定性强等特征，近三十年来在我国得到了快速发展。以直流输电为主的高电压等级、大容量、长距离输电线路已经成为我国大电网骨干网架的主要组成部分。可以预见，未来我国直流输电线路长度仍将不断增加，电压等级有望继续提升，直流输电技术高速发展已是大势所趋。因此，直流输电线路本体安全对大电网安全稳定运行至关重要。

(a)

(b)

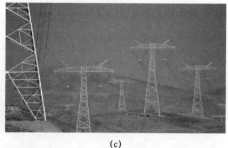

(c)

图 1-3　典型直流密集通道

（a）池州—九华通道；（b）安庆—池州通道；（c）酒泉—武威通道

1.2　直流输电线路故障特征

　　交、直流输电线路常见的故障类型包括雷击、外力破坏、冰害、风害、污闪、鸟害等。直流输电线路的工作电压、绝缘配置及沿线环境等与交流输电线路存在较大不同，故障类型及其占比与交流输电线路存在明显差异；同时，由于直流输电线路特有的运行控制方式，导致其故障后的保护策略与交流输电线路也存在不同。与交流输电线路相比，直流输电线路故障存在如下特征：

　　（1）故障处置策略不同。与交流输电线路故障不同的是，直流输电线路不存在电流过零点情况，且目前尚无应用于高电压、大电流场景可切断直流电流的大容量直流断路器，因此处理直流输电线路瞬时性故障时，主要通过对控制系统进行一定顺序的操作，释放直流系统所储存的能量，使故障直流电流降为零,再经过一定的去游离时间使直流输电线路恢复绝缘能力,进而继续输送功率。直流输电线路主要依靠控制整流侧阀控系统实现故障切除和再启动,故障处置过程可分为换相和重启两个阶段,其总体作用类似于交流系统中的跳闸和重合闸过程。直流输电线路故障处置一般可分解为以下几个阶段:短路故障发生、移相至逆变态、电流降为零、绝缘恢复、移相至整流态,这些阶段组成了一次重启过程。若重启成功,则线路可恢复送电;若重启失败,则继电保护系统会根据不同的保护策略进行不同的操作,典型的操作为全压重启或降压重启一次。若所有重启均告失败,则故障极闭锁。直流输电线路控制保护策略常用的再启动方式有"1 次全压重启+1 次降压重启""2 次全压重启""2 次全压重启+1 次降压重启"等。直流输电线路故障常见的"2 次全压重启"保护流程如图 1-4 所示。

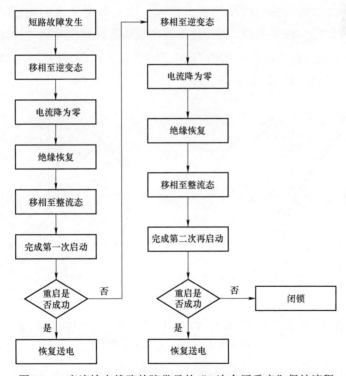

图 1-4　直流输电线路故障常见的"2 次全压重启"保护流程

（2）存在换相失败现象。换相失败是直流输电系统发生概率较高的故障之一,也是区别于交流输电线路而特有的一种故障现象。在换流器中,退出导通的阀在反向电压作用的一段时间内未能恢复阻断能力，或者在反向电压期间换相过程未执行完毕，则在阀电压变成正向时，被换相的阀将向原来预定退出导通的阀倒换相，这种情况称为换相失败。交流侧故障引起逆变侧换流母线电压下降是导致换相失败的主要原因，交流侧雷击跳闸、直流侧出现雷电波侵入等都有可能导致换相失败。在一定的条件下，有些换相失败可以自动恢复，但是如果发生两次或多次连续换相失败，换流阀就会闭锁。在严重的情况下，甚至可能会出现多个逆变站同时发生换相失败的情况，进而导致电网崩溃。

（3）雷击故障占比偏高。由于直流输电线路电压等级高，且运行电压恒定不变，比起交流输电线路的交变电压，其对极性相反的雷电的吸引能力更强 [如直流极Ⅰ（正极）对负极性雷电的吸引，直流极Ⅱ（负极）对正极性雷电的吸引]，且直流输电线路绝缘强度普遍较高，其他外界因素不易造成直流输电线路发生故障，因此直流输电线路的雷击故障占比略高于交流输电线路。2015～2020 年国网公司 500kV 及以上交、直流输电线路各种类型故障占比如图 1-5 所示，直流输电线路雷击故障占比约为 53.77%，是占比最高的故障类型，同时大于交流输电线路雷击故障占比 47.39%。

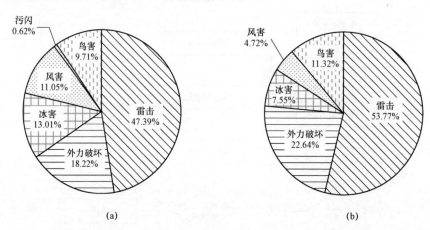

图 1-5 2015～2020 年国网公司 500kV 及以上交、直流输电线路各种类型故障占比
（a）交流输电线路；（b）直流输电线路

综上所述，直流输电线路故障特征与交流输电线路相比存在明显差异，其中雷击故障占比最多，且存在雷击直流输电线路近区导致换相失败的可能，对直流输电线路安全稳定运行构成严重威胁。

1.3　直流输电线路雷击故障特征

直流输电线路的输电方式、本体结构、运行环境、故障处置等均与交流输电线路存在差异，造成其雷击的故障特征与交流输电线路也存在明显差异。直流输电线路的雷击故障特征如下：

（1）存在极性效应。与交流输电线路不同，直流输电线路两条极线分别带有正、负极性工作电压，雷电地闪中负极性雷占 90% 左右，极 Ⅰ（正极）和极 Ⅱ（负极）对负极性雷引雷特性差异明显，极 Ⅰ 更容易遭受雷击。我国直流输电线路极 Ⅰ 和极 Ⅱ 雷击故障占比分别约为 83%、17%，直流输电线路雷击故障存在明显的极性效应。

（2）绕击比例远大于反击。2015～2020 年，国网公司 ±500kV 及以上直流输电线路共计发生雷击故障 56 次，其中绕击 54 次，占比 96.4%，反击 2 次，占比 3.6%，雷击故障逐年统计结果如表 1−1 所示。由于直流输电线路电压等级高、绝缘配置强，±500kV 直流输电线路反击耐雷水平一般在 150kA 以上，雷电流幅值大于此值的概率约为 1.6%，而 15～75kA 的雷电流为造成直流输电线路绕击故障的危险雷电流区间，雷电流幅值分布在此区间的概率约为 70%，故直流输电线路绕击风险远大于反击风险。

表 1−1　　　　　国网公司 ±500kV 及以上直流输电线路
2015～2020 年绕击、反击次数统计

年份	2015	2016	2017	2018	2019	2020	总计
绕击次数	10	14	6	6	9	9	54
反击次数	0	0	1	0	1	0	2

（3）雷击故障痕迹不明显。现有资料表明，直流输电线路的故障切除时间一般需控制在 5ms 以内，而交流输电线路故障切除时间一般控制在 40ms 以内。由于直流输电线路特殊的故障处置方式，直流输电线路遭受雷击后，故障电流的切除时间比交流输电线路短，因此造成的雷击痕迹非常不明显，导致故障点的查找更加困难。交、直流输电线路典型故障痕迹如图 1−6 所示。

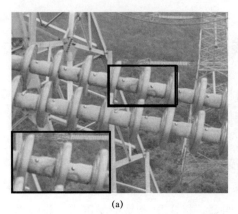

(a)　　　　　　　　　　　　　　(b)

图 1-6　交、直流输电线路典型故障痕迹

（a）交流输电线路；（b）直流输电线路

（4）防雷治理工作开展前，特高压直流输电线路雷击故障次数多于交流输电线路。对 2015～2020 年特高压交、直流输电线路雷击故障进行统计，结果如图 1-7 所示。2015～2017 年，特高压直流输电线路未开展大规模防雷治理工作，雷击故障次数远多于交流输电线路，2018～2020 年，特高压直流输电线路防雷治理工作稳步开展，雷击故障次数略少于交流输电线路，总体来看，特高压直流输电线路雷击故障次数多于特高压交流输电线路，分别为 22 次和 17 次。特高压直流输电线路长度长，线路走廊引雷面积大，同时引雷能力强，造成特高压直流输电线路雷击故障次数大于交流输电线路。

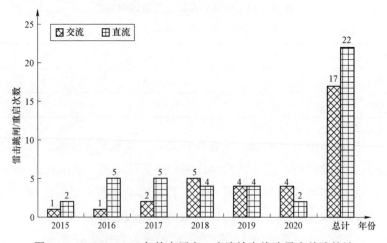

图 1-7　2015～2020 年特高压交、直流输电线路雷击故障统计

综上所述，直流输电线路雷击故障存在极性效应、极Ⅰ易遭受绕击、雷击故障痕迹不明显等特征，与交流输电线路雷击故障特征存在显著差别。随着直流输电线路的快速发展，国内高校、科研院所、设备制造企业和线路运维单位共同努力，在交流输电线路雷击防护体系的基础上逐渐建立起了一套适应直流输电线路雷击特征的防雷技术体系。

1.4　直流输电线路雷击防护特征

直流输电线路雷击防护沿用了交流输电线路雷击防护的相关成果，同时又发展出一些针对性的理论、方法和技术。参照交流输电线路雷击"事前预警、事中监测研判、事后评估治理"的基本逻辑，直流输电线路雷击防护在雷击特征、防雷性能、防雷设施、防雷设施试验检测及运行维护等方面取得了突破和发展，为直流输电线路雷害的有效防治奠定了坚实基础。

（1）雷击特征方面。雷击特征是进行雷击故障研判及防雷治理的基础，直流输电线路与交流输电线路存在明显差异。近年来的研究发现，多重回击、长连续电流等雷击特征形式是导致直流输电线路雷击故障、重启失败的重要风险源。其中多重回击表现为在首次放电之后短时间内发生了多次同属于本次放电的回击，这些回击数量多，且具有高度的时空密集性；长连续电流表现为电流的连续时间长达几百毫秒，特别是对正极性地闪，电流连续时间普遍较长，容易对极Ⅱ造成闭锁。雷击的这两种特征均不利于直流输电线路故障后的保护去游离和绝缘恢复，容易造成直流输电线路闭锁，对直流输电线路安全稳定运行有重要影响。

（2）防雷性能方面。防雷性能是制订防雷治理策略的重要依据，对提升防雷效果及技术经济性至关重要。与交流输电线路相比，直流输电线路存在沿线地形地貌复杂、密集通道多等特征，需要考虑通道内线路之间的相对位置及屏蔽效应；在进行防雷性能分析时，由于存在极性效应，极Ⅰ和极Ⅱ对不同极性雷电的引雷能力、耐雷水平均不一样，特别是计算雷电绕击耐雷性能时，极性效应作用更为明显。因此直流输电线路防雷性能评估技术必须能够解决这些差异，才能为针对性雷害防治提供理论支撑。

（3）防雷设施方面。防雷设施的优劣直接决定着防雷效果，是线路防雷的最终落脚点。通用防雷措施包括架设架空地线及减小保护角、安装塔顶避雷针、提高绝缘雷电冲击耐受水平、降低接地电阻、加强雷击风险预警等。此类防雷措施可以在一定程度上提高线路防雷能力，但各措施适用范围不同，防雷效果存在一定的局限性。采用专用防雷措施（如采用线路避雷器）可以较大程度提高线路防雷性能。当线路遭受雷击时，线路避雷器能有效防止安装相发生闪络，是目前效果最优的防雷设备。直流输电线路避雷器是在充分继承交流输电线路避雷器的防护工作原理和运行经验的基础上，结合直流输电线路运行特点研发出来的，由于直流输电线路故障电流不存在过零点，并在雷击故障特征、运行环境等方面与交流输电线路存在明显差异，因此直流输电线路避雷器的设计、安装和运维技术对直流输电线路雷击防护至关重要。

（4）防雷设施试验检测及运行维护方面。对防雷设施进行试验检测及周期性维护是输电线路防雷运行水平长期处于良好状态的重要保证。架空地线、绝缘子、接地装置等通用防雷设备对线路安全稳定运行至关重要，对此类设备进行检测及运行维护是保障线路安全稳定运行的基础。线路避雷器是直流输电线路雷击防护的关键设备，由于环境和运行工况等因素，避雷器会逐渐出现老化现象，对运行中的线路避雷器进行定期巡视或必要检测，是保证线路避雷器安全稳定运行的必要措施。

经过多年理论研究及工程实践，直流输电线路雷击防护技术已取得阶段性进展，积累了一定的工程实践经验。本书将从雷击特征、防雷性能、防雷措施、专用避雷器、防雷设施试验检测与运行维护、工程实践案例等方面介绍直流输电线路雷击防护相关知识，供从事相关技术研究及工程应用人员参考。

2

直流输电线路的雷击特征

　　直流输电线路长度长、引雷能力强、雷击故障占比高，且雷击故障痕迹不明显，故障查找、原因分析存在困难。因此，及时、准确地掌握线路周边雷电活动和线路雷击情况，可为故障巡视、故障性质判断、雷击风险评估提供重要参考依据。本章阐述了直流输电线路走廊雷电活动和线路本体雷击特征的获取方法及内容。

2.1　线路走廊雷电活动特征

　　我国直流输电工程地理走向大多是自西向东，主要作用是将西部的水电等清洁能源输送到东部负荷中心。由于其设计电压等级高、杆塔高，线路长度达数千千米，跨越多种等级雷区，且沿途地形和气象环境复杂多样，导致线路更易遭受雷击，且线路沿线雷电活动特征具有较大的差异。直流输电线路具有雷击故障痕迹不明显、雷击故障集中于极Ⅰ导线、多次后续回击造成闭锁、线路多处可能同时发生雷击等特点，给故障查找、故障分析、雷击风险评估增加了难度，因此对直流输电线路走廊雷电活动进行监测，获取雷电活动数据并分析雷电活动的特征是解决直流输电线路防雷问题的前提。掌握线路走廊雷电活动特征是开展直流输电线路雷击故障分析、加强雷击防护的重要基础。

2.1.1　特征的监测及表征方法

1. 雷电活动特征的监测

　　雷电是自然界最壮观、最重要的大气现象之一，会产生强大的闪电电流，引起电磁场、光辐射、冲击波和雷声等物理效应，这些物理效应所产生的电、磁、光和声是用来监测雷电活动的有效信息。人们对于雷电的探测和记录由来已久，最开始的观测方式是通过耳闻或目测获得雷暴日、雷暴小时及雷暴起止时间等信息。随着技术的进步，逐步发展出了对雷电伴随的光、声、电流、静电场以及电磁场等多种信号的监测方法。其中，雷电电磁辐射场的遥测技术可在广域范围内实现雷电活动监测，得到了广泛的工程应用。

雷电电磁辐射场主要以低频/甚低频（low frequency，LF/very low frequency，VLF）电磁波形式沿地球表面传播，其传播范围取决于放电能量，一般可达数百千米或更远。当一个雷电发生时，在一定范围内的探测站基于已建立的识别模型能够探测识别出雷电地闪波形，一般采用相距数十千米到几百千米范围内的多个探测站同时对雷电电磁辐射场进行测量，并将测量结果发送至中心站。中心站基于雷电定位方法计算得出雷电回击位置、波形峰值点到达的准确时间、放电极性、强度及回击数等多项雷电参数，从而实现雷电活动的高精度监测，雷电定位监测原理示意图如图 2−1 所示。

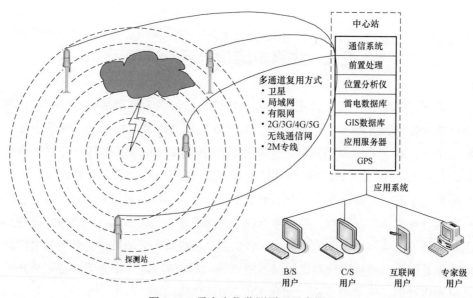

图 2−1　雷电定位监测原理示意图

我国从 20 世纪 80 年代末就开始研究雷电定位监测技术并自主研发出应用于电网的雷电定位系统（lightning location system，LLS），也称雷电监测系统。我国自 20 世纪 90 年代起开始建设雷电监测网，经过坚持不懈的探索研究和应用实践，我国在电网雷电探测技术和雷电定位方法研究等方面不断取得突破和发展。截至 2020 年底，我国电网已建设 910 个探测站、43 个中心站，形成了覆盖全国区域、技术水平全球领先的雷电监测网，雷电地闪探测效率达 90% 以上。

雷电监测系统可以实时记录雷电地闪发生的时间、位置、电流幅值、极性、回击次数等重要特征参数，这些结果有助于解决故障查找、故障分析、雷击风险评估中存在的问题。雷电监测系统可以为直流输电线路防雷提供以下雷电信息：

（1）微秒级精度的雷击时间参数。雷电监测系统与电力系统均采用全球定位系统（global positioning system，GPS）/北斗授时，二者时钟统一，时间精度达到微秒级，保证了事后进行故障分析时雷电的唯一性。长度较长的直流输电线路更易发生不同区段同时遭受雷击或是某一区段短时内发生集中雷暴的现象，此时对时钟的精度和统一性要求更高。

（2）百米级精度的雷击位置参数。直流输电线路沿线的雷电活动频度和强度差异性较大，使得雷击故障点极其分散，无明显规律。雷电监测系统对雷电地闪的定位精度达到百米级，与超/特高压直流输电线路的一个档距相当。杆塔级的地闪定位精度不仅大幅提升了雷击故障后故障杆塔及故障点的查找效率，也为逐基杆塔雷击风险评估奠定了基础。

（3）雷电流幅值及极性参数。直流输电线路采用的电压等级高、绝缘配置高，耐雷水平相对较高，只有幅值超过耐雷水平的雷电，才可能对直流输电线路造成威胁，直流输电线路的雷击故障以绕击为主，易发生绕击故障的危险电流主要集中在 15～75kA。雷电监测系统通过雷电电磁信号反演的方式计算雷电流幅值，在危险电流区间的幅值探测定位精度极高，有助于开展直流输电线路的绕击特性分析。同时，直流输电线路两极导线电压相等、极性相反，导线电压的差异造成导线对雷电吸引能力产生明显不同，自然雷电地闪中约 90% 为负极性，而运行统计数据表明约 83% 的雷击故障发生在极 I 导线，约 17% 的雷击故障发生在极 II 导线，这一比例与自然雷电地闪中负极性雷电占比较接近。雷电监测系统实现对雷电极性的监测，可以有效甄别出威胁更大的负极性雷电。

（4）雷电回击序数参数。自然雷电地闪中，一次主放电可能伴随着多次后续回击，后续回击往往沿着主放电或前次回击通道放电，时间间隔一般在毫秒级，系统的时钟精度保证了其能有效分辨出短时间内发生的多次雷电，并且差别性标记出主放电和伴随的后续回击。因为回击时间间隔与直流输电系统保护动作的时间尺度较为接近，一次回击造成直流输电线路故障重启，而紧随其后的后续回击导致重启失败并最终闭锁的事件，在超/特高压直流输电线路上时有发生。系统能够对主放电及后续回击的区别进行标记，使得人们对直流输电线路雷击故障的分析更深入。

（5）雷电电磁场波形参数。随着雷电监测系统在数字化雷电探测站的广泛应用，系统积累了大量的原始地闪雷电电磁场波形数据。针对海量雷电电磁波在典型区域内的波形参数特征、传播特性及影响因素进行分析，不仅可加深对雷电回击物理模型的认识，还能提高系统在特殊区域内的探测效率和定位精度。同时，雷电电磁场波形与雷电流波形息息相关，基于雷电电磁场波形还可以获得雷电流陡度、波长等雷电防护关键技术参数，为直流输电线路防雷设计以及雷击灾害评估提供更精细的雷电基础参数。

2. 雷电活动的表征方法

我国直流输电线路长达数千千米，沿线地形和气象环境复杂多样，雷电活动必然存在很大的差异性。雷电活动与地理位置、季节气候、发生时间等都存在密不可分的关系，统计分析表明其具有独特的气候、时空分布及变化规律。雷电活动有以下几个特点：

（1）放电过程时间极短，通常在微秒级，雷电流属于高频冲击波。

（2）放电随机性强，雷电在接近地面时受随机性因素影响大，雷电先导在发展过程中表现出分支、弯曲等形态。

（3）时空分布差异性极大，每年3～10月是雷电多发期，其中7、8月往往是高峰期，11月至次年2月是雷电低发期，相同区域不同年份之间的雷电次数差异也很大，雷电的形成与对流天气有关，总体上我国华南及东南沿海、京津冀、华中局部地区雷电较多，西北、东北、青藏高原、内蒙古等地则雷电较少。

（4）密集爆发，一年的雷电集中在几个月，一个月的雷电集中在少数几天，一天中的雷电集中在某几次雷暴活动，持续数十分钟至数小时，地点亦十分集中。

（5）落雷分散性较大，从较大的时间和空间尺度看，雷电的发生有较大的分散性，尽管是少数区域、少数时间段雷电多，但其他区域、其他时间段仍有雷电发生。

描述直流输电线路走廊雷电活动的特征主要包括频度和强度两方面。

我国一直以来利用气象观测站记录雷暴日和雷暴小时，表征雷电活动频度，气象学上将雷暴日和雷暴小时定义为一年中听到过闪电雷响的天数、小时数，该定义无法区分出一个雷暴日或雷暴小时中的落雷数量，且仅能代表气象站周边数十千米范围的雷电活动情况。地闪密度又是防雷工程计算的必需参数之一，

1980 年国际大电网会议总结了雷暴日和地闪密度之间的数值关系，如式（2-1）所示，供无法直接测量地闪时使用。地闪密度的定义为每平方千米每年发生地闪的次数，计算如式（2-2）所示。在雷电探测定位精度提升后，雷电监测系统可直接探测地闪并统计地闪密度。地闪密度比雷暴日、雷暴小时更能精细地反映雷电活动频度，被越来越广泛地使用。

$$N_g = 0.023 T_d^{1.3} \qquad (2-1)$$

$$N_g = \frac{N}{TS} \qquad (2-2)$$

式中：T_d 为年雷暴日数，d；N_g 为指定时间、地域范围内的雷电地闪密度值，次/（$km^2 \cdot a$）；N 为指定时间、地域范围内的雷电地闪次数，次；S 为区域面积，km^2；T 为时间范围，a。

我国将地闪密度按数值大小共分为 5 个等级、8 个层级，地闪密度分级规则如表 2-1 所示。

表 2-1 地 闪 密 度 分 级 规 则

级别	地闪密度范围［次/（$km^2 \cdot a$）］	年雷暴日范围（d）
A 级	［0.0，0.8）	［0，15）
B1 级	［0.8，2.0）	［15，31）
B2 级	［2.0，2.8）	［31，40）
C1 级	［2.8，5.0）	［40，63）
C2 级	［5.0，8.0）	［63，90）
D1 级	［8.0，11.0）	［90，115）
D2 级	［11.0，15.5）	［115，150）
E 级	［15.5，∞）	［150，∞）

雷电强度用雷电流幅值表征，雷电流幅值与气象及自然条件有关，可看作一个随机变量，大量雷电地闪的雷电流幅值符合一定的分布规律，用雷电流幅值累积概率分布表达式描述，DL/T 620—1997《交流电气装置的过电压保护和绝缘配合》曾用对数形式表达式，如式（2-3）所示，GB/T 50064—2014《交流电气装置的过电压保护和绝缘配合设计规范》仍沿用。电气与电子工程师协会（Institute of Electrical and Electronics Engineers，IEEE）综合全球的观测结果，推荐按式（2-4）计算，该表达式应用更为广泛。

$$\lg P(>I) = \begin{cases} -\dfrac{I}{88}, 年平均雷暴日大于20的地区 \\ -\dfrac{I}{44}, 西北、内蒙古等年平均雷暴日小于20的少数地区 \end{cases}$$

$$\tag{2-3}$$

$$P(>I) = \frac{1}{1+(I/a)^b} \tag{2-4}$$

式中：I 为雷电流幅值，kA；$P（>I）$ 为雷电地闪中，雷电流幅值超过 I 的概率；a 为中值电流（超过该幅值的雷电流出现概率为 50%），数值应通过大量样本统计拟合得出，IEEE Std 1243—1997 *IEEE Guide for Improving the Lightning Performance of Transmission Lines* 推荐参数值为 31，kA；b 为表征雷电流幅值分布集中程度的参量，数值应通过大量样本统计拟合得出，IEEE 推荐参数值为 2.6。

　　根据 GB/T 50064—2014 和 IEEE Std 1243—1997 推荐的雷电流幅值累积概率分布表达式，绘制出雷电流幅值累积概率分布曲线进行对比，如图 2-2 所示。为方便表述，将 GB/T 50064—2014 推荐的雷电流幅值累积概率分布曲线称为曲线 1，将 IEEE Std 1243—1997 推荐的雷电流幅值累积概率分布曲线称为曲线 2。在 $I<38\text{kA}$ 时，曲线 2 高于曲线 1，二者数值差异较大；在 $38\text{kA}\leqslant I<169\text{kA}$ 时，曲线 1 高于曲线 2，二者数值差异也较大；在 $I\geqslant169\text{kA}$ 时，曲线 2 再次高于曲线 1，但由于雷电流幅值累积概率数值均已较小，两条曲线几乎贴合在一起。由于雷电活动的时空差异性极大，工程实践中一般仍然使用式（2-4）作为雷电流幅

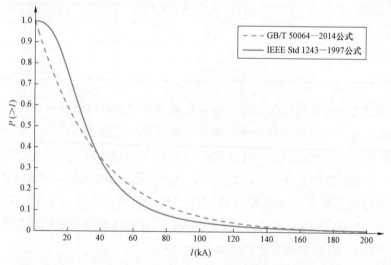

图 2-2　GB/T 50064—2014 和 IEEE Std 1243—1997 推荐雷电流幅值累积概率分布曲线对比

值累积概率分布表达式原型,但并不直接使用 IEEE 推荐参数值(a=31, b=2.6),而是根据线路走廊雷电地闪的电流幅值样本拟合计算得出。无论是 IEEE 推荐还是各线路统计拟合结果,在雷电流幅值的分布上都呈现一定的堆集特点,集中出现在 10~50kA。

2.1.2 典型线路的雷电活动特征分布和参数

1. 统计特征分布与参数

雷电监测系统能够实时监测直流输电线路附近雷电地闪时间、位置、电流幅值等参数,系统已持续积累近 20 年的海量雷电数据,能够统计计算得出直流输电线路沿线地闪密度、雷电流幅值累积概率分布等结果,可直接应用于直流输电线路雷击风险评估和差异化防雷设计。

我国部分超/特高压直流输电线路近年来雷电平均地闪密度分布(含后续回击)如图 2-3 所示,雷电平均地闪密度值如表 2-2 所示,各线路详细统计结果见附录 A,统计时使用的网格大小为 0.05°×0.05°,约 5km×5km。

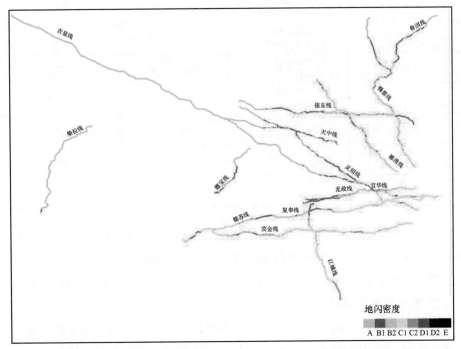

图 2-3 我国部分超/特高压直流输电线路近年来雷电平均地闪密度分布(含后续回击)

表 2-2　　　　　　　　　我国部分超/特直流输电线路近年来
雷电平均地闪密度值（含后续回击）

电压等级（kV）	线路名称	时间范围（年）	平均地闪密度 ［次/（km²·a）］
±800	复奉线 （复龙—奉贤）	2010~2020	3.314
±800	锦苏线 （锦屏—苏南）	2012~2020	3.050
±800	天中线 （天山—中州）	2014~2020	0.329
±800	宾金线 （宜宾—金华）	2014~2020	3.506
±800	灵绍线 （灵州—绍兴）	2016~2020	1.622
±800	雁淮线 （雁门关—淮安）	2017~2020	2.821
±800	锡泰线 （锡盟—泰州）	2017~2020	3.106
±800	鲁固线 （扎鲁特—青州）	2017~2020	2.640
±1100	吉泉线 （昌吉—古泉）	2019~2020	0.511
±500	龙政线 （龙泉—政平）	2011~2020	2.333
±500	江城线 （江陵—鹅城）	2011~2020	3.709
±500	宜华线 （宜都—华新）	2011~2020	2.653
±500	德宝线 （德阳—宝鸡）	2011~2020	1.288
±400	柴拉线 （柴达木—拉萨）	2011~2020	0.333
±660	银东线 （银川东—胶东）	2011~2020	1.706

　　从图 2-3 和表 2-2 可以看出，各直流输电线路雷电平均地闪密度及分布差异较大，总体上西北地区的平均地闪密度低、东南地区平均地闪密度高，跨越西北的天中线、吉泉线、柴拉线、银东线平均地闪密度显著低于其他线路。

　　2. 长连续电流情况

　　在多回击地闪的两个回击之间，云中的剩余电荷沿着原来的主放电通道继续流入大地，产生连续电流，相应的电流逐渐衰减。如果在触发连续电流过程的回击之前，有电流较大的回击发生，且回击之间时间间隔较小，则为连续电流过程的发生提供了良好的闪电通道条件。对广东从化、甘肃中川、大兴安岭林区及北京地区雷电地闪连续电流特征进行统计，发现如下规律：

（1）连续电流主要出现在单次回击的地闪中，其次是出现在两次回击的地闪中，含有连续电流持续时间越长的回击峰值电流越小，含有连续电流的回击峰值电流比未含连续电流的回击峰值电流要小。

（2）连续电流的持续时间与产生它的回击和前一回击之间的时间间隔 ΔT 越短，连续电流持续时间越长，长连续电流的 ΔT 主要分布在 40ms 以下。

（3）长连续电流的平均持续时间为 74.8～158.2ms，负连续电流的幅值为 30～200A，正连续电流可达 1000A 以上，负连续电流较正连续电流的幅值更小、持续时间更长。

观测和研究证实，地闪过程的连续电流虽然幅值并不大，但延续时间较长，容易造成直流系统重启失败。2017 年 7 月 2 日 23 时 36 分，某±800kV 直流输电线路极Ⅱ发生故障，线路走廊 2km 范围内仅有 1 次落雷，雷电流幅值为 50.5kA，对雷电电场变化情况分析后发现，雷电流的持续时间将近 600ms，高于典型负极性雷电流持续时间的平均值。直流系统保护动作后，进行了两次重启，连续电流依然存在，造成重启失败而闭锁。中国南方电网有限责任公司（简称南方电网公司）2013 年发生 3 次典型直流输电线路遭受雷击故障导致直流系统闭锁的事件，对电弧未熄灭、绝缘强度未恢复、连续遭受雷击等不同情况下的直流系统控制保护响应的分析表明，直流输电线路故障重启逻辑中去游离时间和故障计数模块窗口时间设置不足。此外，长连续电流造成交流输电线路避雷器崩溃损坏的事件也屡见不鲜。地闪长连续电流这一特殊的雷电现象，造成的部分线路及设备故障情况如表 2-3 所示。

表 2-3　　地闪长连续电流作用下造成的部分线路及设备故障情况

故障线路	故障发生时间	故障类型	故障原因
国网公司某±800kV 直流输电线路	2017 年 7 月 2 日	雷击闭锁	连续电流持续时间超过去游离时间，两次重启失败
国网公司某±800kV 直流输电线路	2016 年 6 月 1 日	雷击闭锁	多重雷击导致线路两次重启失败
南方电网公司某±800kV 直流输电线路	2013 年 5 月 10 日	雷击闭锁	去游离时间内电弧并没有完全熄灭，导致故障点未能清除
南方电网公司某±500kV 直流输电线路	2013 年 3 月 23 日	雷击闭锁	故障清除后绝缘强度未恢复，连续三次降压重启不成功后闭锁

续表

故障线路	故障发生时间	故障类型	故障原因
南方电网公司某±500kV直流输电线路	2013年4月2日	雷击闭锁	连续遭受雷击的间隔时间小于极控的故障计数设定时间
南方电网公司某500kV交流输电线路	2016年8月19日	重合闸失败	断路器分闸至重合闸期间,故障点燃弧未能熄灭,绝缘无法恢复
南方电网公司某500kV交流输电线路	2016年5月15日	避雷器故障	避雷器短时间内连续多次注入能量总和超出其设计耐受能力,最终导致电阻片发生热崩溃
日本东京电力公司某500kV交流输电线路	2010年9月	避雷器故障	遭受多重雷击,发生侧面闪络

2.2 线路雷击路径特征

2.2.1 观测方法

线路的雷电活动特征是通过遥测雷电电磁场信号得到的,并不能区别雷击大地、线路以及其他地面物体。因此,对于直流输电线路存在的许多疑似雷击、异常放电等不能明确辨识的故障,运维人员多以主观推断为主,缺乏客观证据。长期以来,人们主要通过对雷电过程进行摄像、拍照观测等方式来研究雷电。目前,直接观测雷击路径是获得线路雷击特征的主要方法之一。雷电发生的随机性强、持续时间短暂,要求用于雷电监测的设备具有较高的时空分辨率。随着电子技术和计算机技术的飞速发展,监测设备的性能得到较大提升,以高速摄像头为核心的监测装置被用于自动监拍输电线路遭受雷击放电的瞬间过程,获得雷击线路杆塔的影像资料,直观展现雷击发生时的放电形态、空间路径、发生时间等信息。这种雷击光学路径监测装置及系统主要有如下特点:

(1)监测装置的供电和通信条件受限制。监测装置主要部署在野外偏僻地区,摄像头一般通过光触发从休眠状态转入拍摄状态,以降低整机功耗和通信负荷。光触发时间一般小于10μs,图像帧率一般在100帧/s以上,每次工作仅拍摄雷击放电过程,持续时间在毫秒级。而用于线路通道环境监控的可视化监测装置,一般选用普通摄像头,采用定期唤醒工作机制,拍摄频度较高,持续时间为分钟甚至小时级,捕捉雷电不是其重点任务,对唤醒响应速度无特别要求,图像帧率一般在25帧/s左右。

（2）监测装置的摄像头采用全局快门技术控制曝光，即整幅场景在同一时间曝光。雷击放电过程持续时间短，路径发展变化迅速，要求摄像头曝光时间短。而用于线路通道环境监控的可视化监测装置，摄像头一般采用卷帘快门技术控制曝光，用于高速变化场景时，拍摄的图像存在"果冻效应"，不适用于雷击放电过程拍摄。

（3）监测装置的时钟标定精度一般达到微秒级。为了将雷击线路杆塔影像和雷电活动监测、线路分布式行波监测结果进行关联分析，需要统一监测装置的时间精度，以保证雷电活动探测时间、雷击故障行波时间、雷击路径拍摄时间的一致性，但用于线路通道环境监控的可视化监测装置的时间精度没有如此严格的技术要求。

（4）监测装置的安装地点一般选在雷电多发、线路密集区域，视野范围达到数千米，尽可能实现对多条线路的雷击监测，最大限度地增大捕捉雷电发生的概率，而用于线路通道环境监控的可视化监测装置则不一定需要选在雷电多发区域。

雷击光学路径监测系统主要由塔上监测装置、后台服务器和客户端三部分组成。监测装置拍摄到的雷击影像文件通过无线通信方式传输到后台服务器，客户端通过访问服务器查看图片、视频文件，并可通过控制程序设定监测装置视角等工作状态，雷击光学路径监测装置及监拍照片如图 2-4 所示。其主要工作流程如下：

(a)　　　　　　　　　　　　　　　　(b)

图 2-4　雷击光学路径监测装置及监拍照片

（a）雷击光学路径监测装置；（b）雷击线路照片

1—太阳能电池板；2—主控箱；3—摄像头

（1）当有雷电发生时，光探测器接收到雷电光信号，强度一旦超过触发电路中设定的阈值，主控模块发出拍照指令唤醒摄像头。

（2）摄像头完成照片拍摄工作，拍摄的照片文件存储于监测装置的存储器中，摄像头转入休眠模式。

（3）照片文件通过无线网络发送到后台服务器，后台服务器在响应客户端程序请求过程中展示监拍到的雷击光学路径照片。

2.2.2 典型特征

2021 年 4 月，锦苏线雷击高风险区段安装部署了 35 套雷击光学路径监测装置。4 月 30 日 18～24 时，受系统性大风与对流性大风共同影响，江苏、浙江、上海和安徽等省市遭受大范围雷暴、大风、冰雹等强对流天气，江苏、浙江两省局部地区仅 1h 内落雷高达千余次。雷电监测系统显示，复奉、锦苏线通道沿线 10min 内即有 157 次落雷，主要集中在湖州一带，其中序号 80 的雷电定位在复奉线 3393 号与 3392 号杆塔之间，复奉、锦苏线通道沿线落雷查询结果如图 2-5 所示。4 月 30 日 22 时 53 分，安装于锦苏线 3909 号杆塔上的雷击光学路径监测装置率先感知到过境湖州市的雷暴过程，随着雷暴团自西向东移动，3909 号杆塔大号侧沿线其他装置陆续监测到多次雷击发展路径信息，35 套监测装置共拍摄雷击影像 610 余张，完整地记录了此次雷暴发展过程，复奉、锦苏线通道内雷击光学路径监测图像如图 2-6 所示。其中，23 时 35 分 17 秒，锦苏线 3989

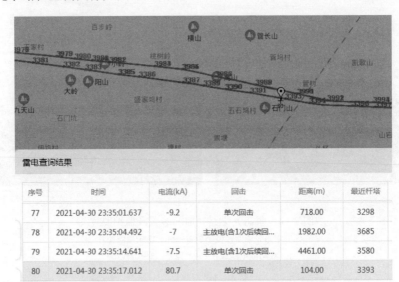

雷电查询结果

序号	时间	电流(kA)	回击	距离(m)	最近杆塔
77	2021-04-30 23:35:01.637	-9.2	单次回击	718.00	3298
78	2021-04-30 23:35:04.492	-7	主放电(含1次后续回...	1982.00	3685
79	2021-04-30 23:35:14.641	-7.5	主放电(含1次后续回...	4461.00	3580
80	2021-04-30 23:35:17.012	80.7	单次回击	104.00	3393

图 2-5 复奉、锦苏线通道沿线落雷查询结果

号杆塔上的监测装置捕捉到同通道内紧邻的复奉线 3392 号杆塔塔头附近线路本体遭受雷击的光学路径图像，复奉线 3392 号杆塔附近雷击光学路径监测图像如图 2-7 所示，文件时间与图 2-5 序号 80 的雷电时间完全一致。本次雷暴未造成复奉、锦苏线故障，结合雷电活动监测等结果，最终判断该雷电击中 3392 号杆塔塔头附近的架空地线，雷击光学路径图像为雷击点的确认提供了最直观证据。

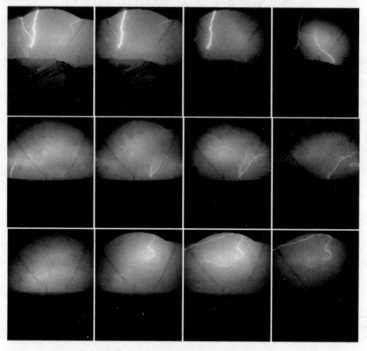

图 2-6 复奉、锦苏线通道内雷击光学路径监测图像

(a) (b)

图 2-7 复奉线 3392 号杆塔附近雷击光学路径监测图像

(a) 雷击发生前；(b) 雷击发生时

雷击光学路径监测装置拍摄的照片为雷击发生过程提供了可视化证据。雷击观测资料的持续积累，将为研究先导末跃距离、分叉雷形态等雷击过程参数提供数据支撑，对于深入研究特殊形式雷电和线路遭受雷击的典型特征具有重要意义。

2.3 线路雷击位置和类别特征

2.3.1 基于线路行波的监测方法

雷击线路本体时，雷电流从雷击点往线路两端传播，会产生电压和电流行波，并在整流站、逆变站处发生折反射，因此，可通过行波特征分析线路本体遭受雷击的情况。输电线路行波监测方法是将监测终端沿线路多点布置，利用线路故障时电流行波到达各监测终端的时间差测算雷击位置，同时利用暂态行波波形特征分辨出雷击故障类别。该技术具有以下突出优势：

（1）分布式布置监测终端，克服了直流输电线路长距离行波信号衰减和畸变造成识别定位困难的问题。在直流输电线路沿线安装多套监测终端，可将长线路区段化，监测终端间距一般限制在数十千米，远小于线路全长，极大削弱了行波传输中的波形衰减畸变，降低了导线弧垂对故障定位准确性的影响，非常适用于长距离的直流输电线路。

（2）直接测量高压导线信号，信号采集的灵敏度更高。监测终端直接采集高压导线的电流信号，相比于从互感器二次侧采样方式灵敏度更高。监测终端不仅能监测雷击造成的金属性短路信号，还可监测到相对微弱的高阻接地故障行波，在树障、山火等高阻接地故障定位方面同样有良好的表现。

（3）充分利用暂态过程信息，有效实现故障原因辨识。监测系统对行波信息利用更加充分，除了故障点精准定位，还能根据暂态行波特征辨识出故障原因，将雷击造成的故障分辨成雷击点在架空地线、导线还是在附近的大地几种类型，从而实现对线路本体雷击情况的监测。由于直流输电线路雷击放电痕迹不明显、故障点难以查找，因此，线路行波监测的优势在直流输电线路的应用和实践中更为突出。

1. 系统组成

分布式行波监测系统主要由监测终端、数据中心、客户端构成，分布式行波监测系统组成如图 2-8 所示。沿线安装的监测终端采集电流行波信号,以无线通信方式发送回数据中心;数据中心收集多个监测终端的行波信号并进行分析计算,然后通过 Web 浏览器、手机客户端等形式向用户展示计算结果,同时还可以短信形式将计算结果推送到用户手机端。

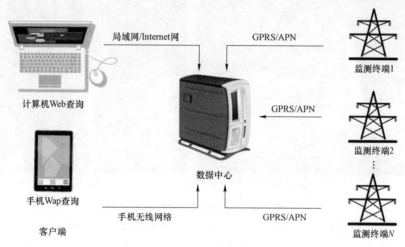

图 2-8　分布式行波监测系统组成

　　分布式行波监测系统最先在交流输电线路得到广泛应用,后来推广至直流输电线路。交流输电线路和直流输电线路应用的分布式行波监测系统的主要区别在于监测终端的供电方式和电流传感器,造成其结构设计存在差异。交、直流输电线路的行波监测终端具体差异见表 2-4,输电线路行波监测终端如图 2-9 所示。

表 2-4　　　　　　　　　　　交、直流输电线路的行波监测终端具体差异

监测类型	供电方式	电流传感器	结构设计
直流输电线路	无法直接从导线取电,利用太阳能电池板—蓄电池组合供电,对装置功耗要求更严格	利用霍尔传感器测量稳态直流电流,利用罗氏线圈测量暂态电流	1 台终端分为一主三辅共 4 个模块(辅助模块主要为太阳能电池板),套在最上方的子导线上,两极导线各 1 台终端,组成 1 套
交流输电线路	利用电磁感应从导线直接取电,不受环境影响	利用罗氏线圈实现导线电流的直接测量,既可以测工频信号,又可以测暂态行波信号	1 台终端套在一根子导线上,三相导线各 1 台终端,组成 1 套

(a)　　　　　　　　　　　　　　(b)

图 2−9　输电线路行波监测终端

(a) 直流输电线路行波监测终端；(b) 交流输电线路行波监测终端

随着线路分布式行波监测技术的推广应用，监测终端及相关系统在全国各电网公司均有安装运行。据不完全统计，国网公司各省级电力公司共安装线路行波监测终端合计 9000 余套，覆盖 35～1000kV 交流输电线路和 ±400～±1100kV 直流输电线路，其中在 ±400～±1100kV 直流输电线路上合计安装 510套，线路行波监测终端安装概况见表 2−5。

表 2−5　　　　　　　　　　　　线路行波监测终端安装概况

电压等级（kV）	投运数量（套）	覆盖线路长度（km）
±1100	8	304
±800	282	11 096
±660	28	871
±500	174	5679
±400	18	423
1000	274	5167
750	469	5351

电压等级（kV）	投运数量（套）	覆盖线路长度（km）
500	1740	42 416
330	38	1138
220	3676	38 378
110	1996	10 991
66	257	2310
35	108	536
合计	9068	124 659

2. 行波特征的分析方法

当直流输电线路发生短路故障后，沿线分布安装的多个终端监测到电流行波信号，并将数据发送到中心站，后台根据监测终端安装位置、波头到达终端时间计算出故障点位置，即实现直流输电线路短路故障点定位，同时根据波形特征可辨识出故障原因。雷击闪络电流的行波波尾较小，实测结果一般在 20μs 以内，典型的雷击电流行波波形如图 2-10（a）所示。相对于雷击故障，非雷击故障电流行波波尾时间较长，实测均大于 20μs，如风偏引起的闪络故障，行波波头较陡、波尾平缓，而且短期内易出现连续多次近似行波，单次典型波形如图 2-10（b）所示；又如异物短路引起的闪络故障，行波波头较陡，常伴有多个波峰，典型波形如图 2-10（c）所示；又如山火引起的闪络故障呈现高阻接地，行波波头、波尾均较缓，幅值较低，典型波形如图 2-10（d）所示。

同理，针对雷击形成的暂态行波，根据两极导线上监测到的电流行波特征的差异性，可以进一步分辨出雷击点在大地、雷击塔顶，还是雷击点在架空地线、雷击导线，实现对线路本体遭受雷击情况的监测。雷击大地时，导线上感应出的雷电流波头平缓，波尾较长，实测在 30μs 以上，典型波形如图 2-11（a）所示；雷击导线时，被击导线上行波电流幅值很大，经实测一般均在 500A 以上，典型波形如图 2-11（b）所示，未被雷击的导线感应出的雷电流行波幅值较小，且与被击导线电流行波极性相反；雷击杆塔或架空地线时，两极导线感应出的电流行波幅值接近、极性相同，其中雷击塔顶时，两极导线感应出的电流行波具有单边振荡特征，典型波形如图 2-11（c）所示；雷击架空地线时导线感应出的电流行波具有双边振荡特征，典型波形如图 2-11（d）所示。

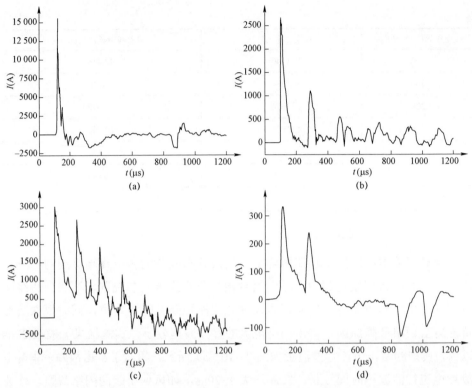

图 2-10 不同故障原因的典型电流行波波形
（a）雷击；（b）风偏；（c）异物；（d）山火

据不完全统计，针对分布式行波监测系统覆盖的线路所发生的 800 余次跳闸（重启），系统对故障点定位精度（偏差±3 基塔）达到 90.7%，故障原因的辨识准确率达到 92.3%，而对其中雷击引起的线路跳闸（重启），绕击/反击辨识准确率达到 87.7%。线路行波监测对故障点定位精度的提升，减少了巡视工作量，利用行波特征分辨出故障原因，对提高故障分析结果准确性、加强防护工作的针对性提供了有力支撑。

直流输电线路长达数千千米，一般采用属地化方式运维，各运维单位负责其中一段。若故障点测距不准确、故障原因不明晰，再加上直流输电线路故障痕迹不明显，线路发生故障后，势必会造成巡视任务执行不及时、巡视结果不客观，导致事后总结分析不正确、责任归属误判。利用线路行波监测，可在运维分界点安装监测终端，线路发生故障后，根据故障测距结果判断出所属运维单位，即可在第一时间安排当地运维队伍前往故障塔位巡视，确保巡视结果的客观性。

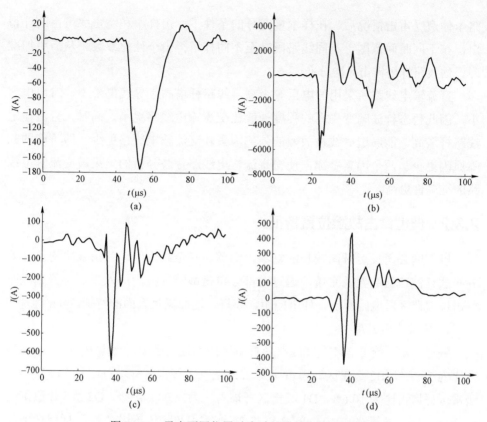

图 2-11　雷击不同位置时流过导线的电流行波波形
（a）雷击大地时导线感应电流行波；（b）雷击导线时被击导线电流行波；
（c）雷击塔顶时导线感应电流行波；（d）雷击架空地线时导线感应电流行波

　　雷电活动监测是在广域范围内对雷电发生情况进行监测，无法区分被击对象是大地、导线、架空地线或塔顶，相当于"只见森林不见树木"；而线路行波监测恰好与之互补，可以区分出雷击位置在线路附近的大地、导线、架空地线或塔顶，但无法获知线路走廊整体的雷电活动情况，相当于"只见树木不见森林"。在监测效率得到保证的前提下，二者的监测结果可由 GPS 或北斗时钟关联起来，再由雷击点经纬度坐标匹配确认是否为同一次雷击，二者的联合监测可同时掌握整条线路走廊和线路本体雷击情况，"既见树木又见森林"，为研究线路本体雷击特征规律创造了条件。我国现行规程中，对于线路遭受反击和绕击的概率，使用击杆率和绕击率的概念，其中击杆率根据地形为山区或平原及架空地线数量做了简单规定，绕击率则根据经验公式计算。在获得线路走廊和线路本体遭受雷击情况后，在样本量充分的条件下，击杆率和绕击率可由统计得出，在不同时间范围、不同线路段甚至不同杆塔得出个性化参数，从而更加准确评估线路杆塔雷击风险分布。

直流输电线路所采用的电压等级高，线路杆塔高，导线电晕小，对地电容小，因此暂态行波畸变失真的程度一般比交流输电线路更小。同时，直流输电线路杆塔高，能够造成线路故障的外部因素较交流输电线路更少，即可能的故障原因更少。两个因素叠加，使得直流输电线路行波分析的结果较交流输电线路的准确性更高。

2.3.2 典型雷击故障位置特征

以国网公司投运时间较长的复奉、锦苏、宾金线为例，三条线路均已部署分布式行波监测装置及系统，通过对部分雷击故障行波的深入分析，得到线路雷击位置在区段地闪密度、杆塔档距、海拔、地面倾角方面的特征。

1. 区段地闪密度

统计复奉、锦苏、宾金线线路各杆塔区段的地闪密度，得出 B1 级雷区杆塔占比为 10.9%，B2 级雷区杆塔占比为 23.0%，C1 级雷区杆塔占比为 54.8%，C2 级雷区杆塔占比为 10.6%，D1 级雷区杆塔占比为 0.7%，A 级、D2 级、E 级雷区无杆塔。将 3 条线路 2010～2020 年共 24 次雷击故障位置用"×"标记在地闪密度分布图上，如图 2－12 所示。

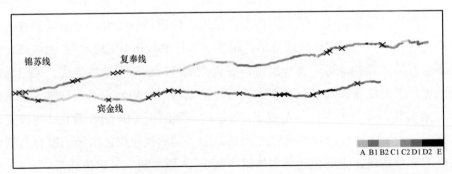

图 2－12　复奉、锦苏、宾金线 2010～2020 年雷击故障位置所在雷区分布

24 次雷击故障，雷击位置在 B1 级雷区的 3 次，占比 12.5%；在 B2 级的 1 次，占比 4.2%；在 C1 级的 15 次，占比 62.5%；在 C2 级的 5 次，占比 20.8%。

大部分雷击位置在 C1 级及以上地区，达到 19 次，占比 79.2%。复奉、锦苏、宾金线雷击故障位置所在档距分布如表 2−6 所示。

表 2−6 复奉、锦苏、宾金线雷击故障位置所在档距分布

雷区等级	杆塔数量占比（%）	雷击次数（次）	雷击故障率（次/百基）
A	0	—	—
B1	10.9	3	0.2389
B2	23.0	1	0.0376
C1	54.8	15	0.2369
C2	10.6	5	0.4095
D1	0.7	0	0
D2	0	—	—
E	0	—	—

2. 杆塔档距

复奉、锦苏、宾金线最小档距 179m，最大档距 2052m，以 400、500、600m 和 700m 为分割点对档距进行分类，各档距区间杆塔的数量占比分别为 11.3%、24.1%、28.8%、17.1%、18.7%，各区间档距平均值即平均档距分别为 344、455、547、646、854m。统计得到 3 条线路 2010～2016 年 15 次雷击故障位置所在档距分布，如表 2−7 所示。

表 2−7 复奉、锦苏、宾金线 2010～2016 年 15 次雷击
故障位置所在档距分布

档距范围（m）	杆塔数量占比（%）	平均档距（m）	雷击次数（次）	雷击故障率（次/百基）
[170，400]	11.3	344	0	0
(400，500]	24.1	455	1	0.0360
(500，600]	28.8	547	4	0.1204
(600，700]	17.1	646	3	0.1517
(700，∞)	18.7	854	7	0.3248

可以看出，尽管档距 700m 以上的杆塔数量不是最多，但 46.7% 的雷击位于此大档距区段，雷击数量最多，其次为档距 500～600m 和档距 600～700m 的区段。

3. 海拔

复奉、锦苏、宾金线线路跨越地形复杂多样，杆塔海拔最高达到 3365m。

将杆塔海拔按数值分为数量尽可能接近的 5 类，分割点分别为 25、100、300m
和 700m，各海拔范围杆塔数量占比分别为 21.1%、23.0%、17.8%、21.4%、16.7%，
各区间海拔平均值即平均海拔分别为 11、54、186、476、1225m。统计得到
3 条线路 2010～2016 年 15 次雷击故障位置所在海拔分布，如表 2−8 所示。

表 2−8　　　　　　　复奉、锦苏、宾金线 2010～2016 年
15 次雷击故障位置所在海拔分布

海拔范围（m）	杆塔数量占比（%）	平均海拔（m）	雷击次数（次）	雷击故障率（次/百基）
[0，25]	21.1	11	0	0
(25，100]	23.0	54	3	0.1135
(100，300]	17.8	186	4	0.1957
(300，700]	21.4	476	2	0.0815
(700，3365]	16.7	1225	6	0.3120

可以看出，尽管海拔 700m 以上的杆塔数量不是最多，但 40% 的雷击位于
此高海拔区域，雷击数量最多，其次为海拔 100～300m 和海拔 25～100m 的区域。

4. 地面倾角

复奉、锦苏、宾金线线路杆塔所处地面倾角中，最小为 0°，最大为 70°，
以 "×" 标记雷击故障杆塔，杆塔地面倾角的概率密度及雷击故障杆塔分布如
图 2−13 所示。

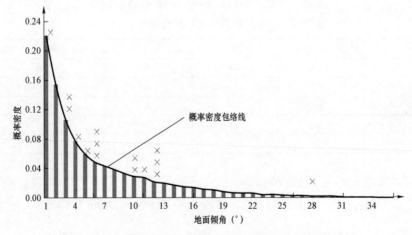

图 2−13　杆塔地面倾角的概率密度及雷击故障杆塔分布

地面倾角越小，杆塔数量越多。为了对不同倾角范围内的雷击重启情况进

行统计分析,在保证各个地面倾角范围内杆塔数量基本一致的情况下,选择 1°、2.5°、5°、10°作为不等距分割点,对杆塔所处地面倾角进行分类,各倾角范围内杆塔数量占比分别为 21.8%、21.0%、18.6%、19.5%、19.1%,倾角均值分别为 0.58°、1.67°、3.62°、7.23°、16.77°。统计得到 3 条线路 2010~2016 年 15 次雷击故障位置所在地面倾角分布,如表 2-9 所示。

表 2-9　　　　　　　复奉、锦苏、宾金线 2010~2016 年
15 次雷击故障位置所在地面倾角分布

倾角范围(°)	杆塔数量占比(%)	平均倾角(°)	雷击次数(次)	雷击故障率(次/百基)
[0, 1]	21.8	0.58	1	0.0397
(1, 2.5]	21.0	1.67	2	0.0826
(2.5, 5]	18.6	3.62	2	0.0932
(5, 10]	19.5	7.23	4	0.1781
(10, 90]	19.1	16.77	6	0.2724

可以看出,40% 的雷击位于 10°以上地面倾角的杆塔,此区域雷击数量最多,其次为 5~10°倾角范围的杆塔。

2.3.3　典型雷击故障类型特征

以国网公司 2010 年开始投运的 ±800kV 特高压直流输电线路为例,截至 2020 年底,线路共发生 32 次雷击故障重启。通过对这 32 次雷击故障产生的行波分析,得到线路雷击故障的特征,如表 2-10 所示。

表 2-10　　　±800kV 特高压直流输电线路 32 次雷击故障的特征

线路名称	故障年份	极导线	雷电流(kA)	雷击故障类型
某直流输电线路 1	2010	极Ⅰ	-15.0	绕击
某直流输电线路 1	2012	极Ⅰ	-22.5	绕击
某直流输电线路 2	2012	极Ⅰ	-43.8	绕击
某直流输电线路 1	2013	极Ⅱ	26.4	绕击
某直流输电线路 2	2013	极Ⅰ	-43.0	绕击
某直流输电线路 2	2013	极Ⅰ	-52.3	绕击
某直流输电线路 2	2014	极Ⅰ	-69.8	绕击
某直流输电线路 2	2014	极Ⅰ	-65.1	绕击

续表

线路名称	故障年份	极导线	雷电流（kA）	雷击故障类型
某直流输电线路 3	2014	极Ⅱ	−37.0	绕击
某直流输电线路 3	2014	极Ⅰ	−48.9	绕击
某直流输电线路 3	2015	极Ⅰ	−52.4	绕击
某直流输电线路 3	2015	极Ⅰ	−54.0	绕击
某直流输电线路 3	2016	极Ⅱ	20.2	绕击
某直流输电线路 2	2016	极Ⅰ	−32.0	绕击
某直流输电线路 3	2016	极Ⅰ	−45.3	绕击
某直流输电线路 3	2016	极Ⅰ	−34.4	绕击
某直流输电线路 2	2016	极Ⅰ	−37.6	绕击
某直流输电线路 3	2017	极Ⅰ	−22.8	绕击
某直流输电线路 3	2017	极Ⅱ	50.5	绕击
某直流输电线路 4	2017	极Ⅰ	−42.6	绕击
某直流输电线路 6	2017	极Ⅰ	39.4	绕击
某直流输电线路 5	2017	极Ⅰ	−246.5	反击
某直流输电线路 5	2018	极Ⅰ	−19.8	绕击
某直流输电线路 3	2018	极Ⅰ	−54.7	绕击
某直流输电线路 4	2018	极Ⅰ	−25.8	绕击
某直流输电线路 2	2018	极Ⅰ	−51.0	绕击
某直流输电线路 5	2019	极Ⅰ	−28.8	绕击
某直流输电线路 3	2019	极Ⅰ	−20.7	绕击
某直流输电线路 2	2019	极Ⅰ	−487.8	反击
某直流输电线路 5	2019	极Ⅰ	−46.8	绕击
某直流输电线路 5	2020	极Ⅰ	−23.1	绕击
某直流输电线路 3	2020	极Ⅰ	−25.8	绕击

可以看出，32 次雷击故障中仅 2 次为反击，其余 30 次均为绕击，绕击占比 94%。造成 2 次反击的雷电流幅值都很大，为 246.5kA 和 487.8kA，造成绕击的雷电流幅值相对较小，不超过 70kA。±800kV 特高压直流输电线路绕击和反击故障产生的暂态电流行波对比如图 2−14 所示，两者波头均较陡、波长时间短，反击故障产生的行波在波峰前存在反极性脉冲，绕击故障产生的行波则没

有。±800kV 特高压直流输电线路绕击和反击故障都会留下多处放电痕迹，如导线上有白斑、均压环有破洞、绝缘子和塔身角钢有黑斑等，但反击故障还会在地线横担上留下黑斑，绕击故障则不会，详见 7.1.2 和 7.1.3。32 次雷击故障中，28 次发生在极Ⅰ，4 次发生在极Ⅱ，占比分别为 87.5%、12.5%。分析±500kV直流输电线路的雷击故障，也有类似特征。

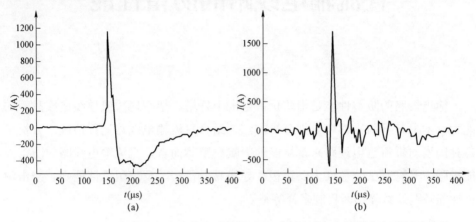

图 2-14　±800kV 特高压直流输电线路绕击和反击故障产生的暂态电流行波对比
（a）绕击电流行波；（b）反击电流行波

直流输电线路设计电压等级高，线路长度达数千千米，且沿途地形和气象环境复杂多样，沿线雷电活动频度和强度差异性大，雷击位置、故障类型也各不相同。结合雷电和雷击特征，开展直流输电线路防雷性能及其影响性因素的分析是十分必要的。

3

直流输电线路的防雷性能

输电线路的防雷性能是指防止雷电击中杆塔、架空地线或导线造成故障的能力。本书基于防雷性能典型分析方法，结合直流输电线路运行情况，分析了各种因素对直流输电线路防雷性能的影响。整体而言，直流输电线路的防雷性能较强，具有雷击分散性大、正极性导线易受雷击、反击耐雷性能强、绕击耐雷性能较弱及故障切断机制多样等特点。

3.1 防雷性能分析方法

针对防雷性能各影响因素定量分析及计算的模型和方法主要包括规程法、电磁暂态计算程序（alternative transients program/electro magnetic transients program，ATP/EMTP）、电气几何模型（electro-geometric model，EGM）和先导发展模型，其中规程法在超/特高压输电线路的耐雷性能计算中的结果与实际运行经验偏差较大，无法直接使用。先导发展模型相关参数主要建立在模拟试验和计算机辅助分析的基础上，且计算繁杂、耗时较长，工程化应用程度不高。因此，本章主要利用 ATP/EMTP、考虑导线工作电压的 EGM 开展直流输电线路防雷性能影响因素的定量化分析。

3.1.1 ATP/EMTP

电力系统采用长距离输电线路将能源从发电厂输送给各电力用户，长距离输电线路每个微段都呈现自感和对地电容，即线路是具有分布参数特性的电路元件。当电力系统中某一点遭受雷击产生雷电过电压时，例如架空输电线路遭受雷击时，该过电压不会立即在系统其他各点出现，而是以电磁波的形式按一定的速度从电压或电流突变点（即雷击点）沿导线向两侧传播。这个沿导线传播的电压以及与其伴随而行的电流波称为行波。当行波到达变电站或其他节点时，由于电路参数的改变，将引起波的折射和反射，从而在电力系统内部产生暂态过电压。

为模拟计算电力系统的电磁暂态过程，目前应用最广泛的数字仿真软件之一是基于贝杰龙算法计算电磁暂态现象的 ATP/EMTP 软件。对线路雷击造成闪络特性研究所用到的主要模型包括雷电流波形和雷电通道波阻抗、输电线路模型、杆塔模型、绝缘子闪络判据、接地电阻模型等，具体介绍如下：

（1）雷电流波形和雷电通道波阻抗。雷电流波形参数包括雷电流幅值、波头和波尾时间。雷电放电本身的随机性受到各地气象、地形和地质等诸多自然条件的影响，同时测量手段和技术水平各有差异，雷电流观测数据具有一定的分散性。统计结果表明，雷电流波头长度大多为 1.0～5.0μs，平均为 2.6μs，波长为 20～100μs，平均为 50μs。本书仿真选取 2.6/50.0μs 的标准雷电流双指数波作为雷电流源，在线路防雷设计中雷电通道波阻抗常取 400Ω。

（2）输电线路模型。在雷电的冲击下，线路的电气参数与工频下的电气参数相比将发生很大的变化，如导线本身几何尺寸带来的电感以及杂散电容等都将变得显著。

（3）杆塔模型。波阻抗法是将雷击杆塔后的注入电流波近似看作平面波，用集中波阻抗来描述注入电流波在杆塔中的传播过程，进而求取塔顶电位和绝缘子串两端电压的注入分量。多波阻抗法在波阻抗理论的基础上，根据不同杆塔结构特征，将杆塔分解为多个波阻抗段，使得电流波在塔身内的折反射过程与实际情况更为一致。直流输电线路杆塔多波阻抗等效模型如图 3-1 所示，为典型直流输电线路杆塔等效模型。

（4）绝缘子闪络判据。当绝缘子串承受的冲击电压达到一定的时间，电场强度达到临界值时，先导开始发展，其速度随施加的电压和间隙剩余的长度而变化，当先导长度达到间隙长度时，间隙击穿，绝缘子串发生闪络。

（5）接地电阻模型。当线路杆塔遭受雷击时，雷电流流入接地体，接地体呈现为电阻态，为了方便工程使用，常采用固定值的冲击接地电阻。

某±800kV 直流输电线路杆塔极 I 导线遭受雷电绕击时，采用 ATP/EMTP 搭建仿真模型，直流输电线路杆塔雷电绕击仿真模型如图 3-2 所示。

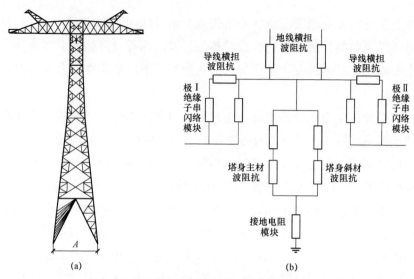

图 3-1 直流输电线路杆塔多波阻抗等效模型

(a) 杆塔设计图;(b) 杆塔仿真模型示意图

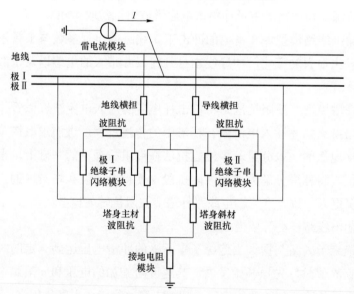

图 3-2 直流输电线路杆塔雷电绕击仿真模型

该线路杆塔架空导地线参数如表 3-1 所示,设置内容包括架空导地线相别、内径、外径、阻抗、悬挂点中距、高度、档距中央高度、分裂间距、相角以及分裂数等信息。

表 3-1   某±800kV 直流输电线路杆塔架空导地线参数

相别	内径 （cm）	外径 （cm）	阻抗 （Ω/km）	悬挂点 中距（m）	高度 （m）	档距中 央高度 （m）	分裂间距 （cm）	相角 （°）	分裂 数
1	0.84	3.38	0.0398	−12.3	51.4	39.4	40	0	6
2	0.84	3.38	0.0398	12.3	51.4	39.4	40	0	6
3	0	0.875	0.106	−12.3	65	55	0	0	6
4	0	0.875	0.106	12.3	65	55	0	0	6

根据杆塔实际尺寸及相关阻抗计算式，设置杆塔主材、斜材、横担阻抗模型元件参数，电磁暂态分析杆塔阻抗模型参数如表 3-2 所示。其他元件模型参数这里不再进行介绍。

表 3-2   电磁暂态分析杆塔阻抗模型参数

主材参数（Ω）		斜材参数（Ω）		横担参数（Ω）		横担长度（m）	主材长度（m）	斜材长度（m）
ZT1	165.5	ZL1	1489.1	ZA1	305.4	12.3	13.6	20.4
ZT2	110.8	ZL2	997.1	ZA2	291.4	12.3	51.4	77.1

基于以上电磁暂态分析模型的建立及参数设置，假设雷击±800kV 直流输电线路时，仿真计算未采取防雷措施时杆塔极Ⅰ的绝缘子串两端过电压。计算结果表明，当雷电流幅值达到 34kA 时，第 32μs 时刻左右，杆塔极Ⅰ绝缘子串两端过电压达到 4.5×10^6 V，随后第 35μs 时刻电压为零，绝缘子串发生闪络，±800kV 直流输电线路杆塔雷击故障仿真结果如图 3-3 所示。而极Ⅱ绝缘子串两端同样也出现了过电压及扰动，但最终恢复正常水平，未发生闪络现象。

3.1.2　考虑导线工作电压的 EGM

EGM 是将雷电的放电特性与线路的结构尺寸联系起来而建立的一种几何分析计算方法，其基本原理是：在雷云向地面发展的先导放电通道头部到达被击物体的临界击穿距离（击距）以前，击中点是不确定的，先到达哪个物体的击距之内，即向该物体放电。击距的大小与先导头部的电位有关，因而与先导通道中的电荷有关，后者又决定了雷电流的幅值。因此，击距 r 与雷电流幅值 I_m 有直接关系，而与其他因素无关。

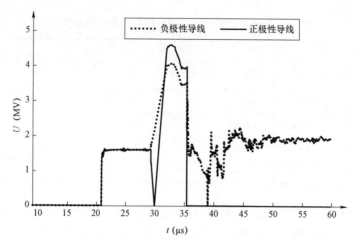

图 3-3　±800kV 直流输电线路杆塔雷击故障仿真结果

雷击输电线路的经典 EGM 如图 3-4 所示。图 3-4 中 S 为架空地线；C 为导线；h_s、h_c 分别为架空地线、导线悬挂点高度；α 为保护角；r_{sn}、r_{sk}、r_{sm} 分别为架空地线在不同雷电流幅值下的击距半径；A_nB_n、A_kB_k、A_mB_m 分别为架空地线对应条件下的屏蔽弧；r_{cn}、r_{ck}、r_{cm} 分别为导线在不同雷电流幅值下的击距半径；B_nE_n、B_kE_k、B_mE_m 分别为导线对应条件下的暴露弧；r_{gn}、r_{gk}、r_{gm} 分别为大

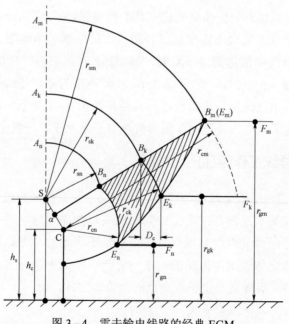

图 3-4　雷击输电线路的经典 EGM

地在不同雷电流幅值下的击距半径；E_nF_n、E_kF_k、E_mF_m 分别为大地对应条件下的屏蔽弧。

随着雷电流幅值的增大，击距半径也增大，当雷电流幅值超过一定范围时，架空地线屏蔽弧与地面屏蔽弧重合，即导线暴露弧 B_mE_m 弧长为零，从而对导线实现屏蔽，即雷电流将击中架空地线、杆塔或地面而不会击中导线。该雷电流幅值称为最大绕击雷电流，一般认为当幅值超过最大绕击雷电流时，不会发生绕击事件。

同时，绝缘子串自身具有一定的雷电耐受能力，只有当雷电流幅值大于绝缘子串耐受水平并且小于最大绕击雷电流时，绝缘子串才会发生绕击闪络。

传统交流输电线路雷击跳闸率的计算方法中，因交流输电线路各相导线工作电压对引雷效果的影响在 1 个工频周期内是相对均等的，因此，该模型主要适用于交流输电线路的绕击耐雷性能分析。但直流输电线路由于极性效应影响，雷电极性对两极导线防雷性能的影响是不均等的。

相比于传统 EGM，考虑导线工作电压后的 EGM 在导线的击距计算方面有明显变化，如式（3−1）所示。

$$r_c = 1.63 \times (5.015I^{0.578} - U)^{1.125} \qquad (3-1)$$

式中：r_c 为雷电对其上有工作电压的导线的击距，m；I 为带极性的雷电流，kA；U 为导线上的工作电压，MV。

当雷电流极性与导线极性相反时，导线击距会比两者极性相同时更大，导线具有更大的暴露弧，而地面和架空地线的屏蔽弧不发生变化，因此更容易发生绕击。

绕击跳闸（重启）率可表示为

$$SFFOR = \frac{2N_g}{10} \int_{I_2}^{I_{max}} D_c p(I) \mathrm{d}I \qquad (3-2)$$

式中：$SFFOR$ 为绕击跳闸（重启）率，次/（百公里·年）；N_g 为地闪密度，次/（$km^2 \cdot a$）；D_c 为暴露距离，m；$p(I)$ 为雷电流幅值概率密度函数，是 $P(>I)$ 的导数；I_{rmax} 为最大绕击雷电流幅值，kA；I_2 为绕击耐雷水平，kA。

3.2 直流输电线路防雷性能特点

3.2.1 雷击分散性大

直流输电线路长度长，杆塔数量多，途经大量雷电活动频繁、地理环境复杂区域，线路各区段通道环境差异性极大，使得直流输电线路存在大量雷害高风险杆塔，且特征规律不明显，分散性较大。

以锦苏线为例，线路沿线地闪密度、海拔、地面倾角等差异性明显，具体分布情况如图 3-5 所示。雷电活动方面，自西向东呈现"强—弱—强"变化趋势，四川段地闪密度较大，大部分处于多雷区。湖南段地闪密度相对较小，处于中雷区。湖北段由中雷区逐渐上升为多雷区，到达安徽、浙江时，雷电活动

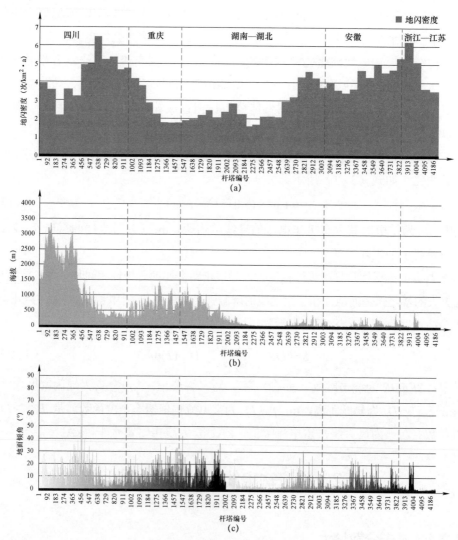

图 3-5 锦苏线沿线地闪密度、海拔、地面倾角分布情况

（a）地闪密度；（b）海拔；（c）地面倾角

又达到最高值，大部分为多雷区，存在少量强雷区。地形地貌方面，四川、重庆以及湖南等地区地形地貌主要为山区，海拔较高，平均海拔在 1000m 以上，地面倾角也较大，平均地面倾角大于 10°。

进入湖北后地势相对平坦，仅湖北后半段、安徽段以及浙江前半段出现少量山地，但最高高度不超过 500m，平均地面倾角小于 5°，地形地貌起伏变化较大。

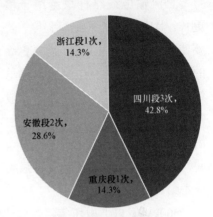

图 3-6　锦苏线雷击
重启故障省份分布情况

截至 2020 年底，该线路共发生 7 次雷击故障，其中四川段 3 次，占比 42.8%；重庆段 1 次，占比 14.3%；安徽段 2 次，占比 28.6%；浙江段 1 次，占比 14.3%。锦苏线雷击重启故障省份分布情况如图 3-6 所示，其雷击故障分散性大。

3.2.2　正极性防护性能弱

自然界中负极性雷电约占 90%。当雷云产生负极性电荷的下行先导时，直流输电线路极 I 导线更容易率先达到上行先导临界起始条件，从而产生上行先导，向空中发展对负极性先导进行拦截。当电场达到击穿条件时，下行先导与上行先导之间的空气间隙发生击穿，形成雷击。因此直流输电线路极 I 导线更容易发生绕击，具有明显的极性效应。

以 ±800kV 特高压直流输电线路典型杆塔 ZC27152 为例，地闪密度值取固定值 2.78 次/（km²·a），雷电流幅值累积概率分布表达式参照式（2-4），并结合雷电监测数据，拟合表达式为 $P(>I) = \dfrac{1}{1+(I/35.8)^{2.9}}$，地面倾角取下坡 30°，采用考虑导线工作电压的 EGM 及 ATP/EMTP 计算极 I、极 II 导线雷击重启率分别为 0.0115 次/（百公里·年）和 0.0011 次/（百公里·年），极 I 导线雷击重启率约为极 II 导线雷击重启率的 10 倍。截至 2020 年底，复奉、锦苏、宾金线共计发生 24 次雷击故障，其中 20 次为极 I 故障、3 次为极 II 故障、1 次为塔顶（反击）故障，占比分别为 83.3%、12.5% 和 4.2%，直流输电线路雷击故障存在明显的极性效应，复奉、锦苏、宾金线雷击故障分类如图 3-7 所示。

3.2.3　反击耐雷性能强

直流输电线路杆塔绝缘子串更长，具有更高的外绝缘强度，若要使绝缘子串发生反击，需要更高的雷电流幅值，±500kV 直流输电线路发生反击的雷电流幅值一般需达到 150kA 以上，而自然界中出现该幅值的雷电流概率较低，因此，直流输电线路杆塔具有更强的反击耐雷性能。

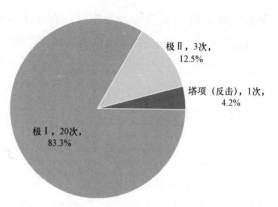

图 3-7　复奉、锦苏、宾金线雷击故障分类

500kV 及以上电压等级输电线路典型杆塔反击耐雷水平（轻污区）如表 3-3 所示，以 1000kV 特高压交流输电线路及±800kV 特高压直流输电线路典型杆塔为对象进行仿真计算，其反击耐雷水平分别达到 277kA 及 282kA。基于雷电监测系统探测数据，统计获取 2015～2020 年全国雷电流幅值累积概率分布表达式

为 $P(>I) = \dfrac{1}{1+(I/31.2)^{2.7}}$，累积概率分布曲线如图 3-8 所示。通过计算发现，

大于 277kA 及 282kA 的雷电流占比分别为 0.27% 及 0.26%，即可导致 1000kV 特高压交流输电线路及±800kV 特高压直流输电线路典型杆塔发生反击的概率均极低，其抗反击耐雷性能强，其中特高压直流输电线路抗反击耐雷性能更强。

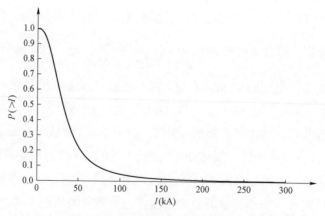

图 3-8　2015～2020 年全国雷电流幅值累积概率分布曲线

表 3-3	500kV 及以上电压等级输电线路典型杆塔 反击耐雷水平（轻污区）					
电压等级（kV）	500	750	1000	±500	±800	±1100
耐雷水平参考范围（kA）	158～177	208～232	277～307	178～206	282～325	362～417

同时，实际运行经验也表明，反击引起的直流输电线路重启概率极低。截至 2020 年底，对复奉、锦苏、宾金线线路雷击故障进行统计，发现 24 次雷击故障中，仅 1 次为雷电反击故障（2019 年锦苏线），占比为 4.2%，23 次为绕击故障，占比为 95.8%。复奉、锦苏、宾金线 2010～2020 年雷击故障次数统计如图 3-9 所示。

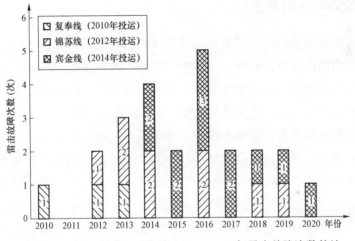

图 3-9　复奉、锦苏、宾金线 2010～2020 年雷击故障次数统计

3.2.4　绕击耐雷性能弱

当雷电绕过直流输电线路架空地线直接击中导线时，雷电流会沿导线向两侧传播并在绝缘子串两端形成过电压，当绝缘子串两端过电压超过绝缘耐受水平时，会造成导线对杆塔放电，从而引起绝缘子闪络。此时，由于绕击雷电流直接作用于导线，相比于反击的反极性反射波抵消作用，更易产生过电压击穿绝缘子形成短路。同时，直流输电线路通常杆塔高度更高、档距更大，地面屏蔽效果减弱，线路引雷能力增强，进一步弱化了导线的绕击耐雷性能。

以±800kV 特高压直流输电线路典型杆塔为对象进行仿真计算，其绕击耐雷

水平 I_2 仅 25kA，同时利用 EGM 计算最大绕击电流 I_{rmax} 为 70kA 左右，通过 2015～
2020 年全国雷电流幅值累积概率分布表达式 $P(>I) = \dfrac{1}{1+(I/31.2)^{2.7}}$，计算获得
雷电流幅值为 25～70kA 的雷电占比约为 52%，绕击重启风险大幅提升，绕击耐
雷性能相对较弱。各电压等级线路典型绕击耐雷水平如表 3−4 所示。

表 3−4 　　　　　　　　各电压等级线路典型绕击耐雷水平

电压等级（kV）	500	750	1000	±500	±800	±1100
绕击耐雷水平参考范围（kA）	15～24	20～25	28～40	17～26	25～35	38～50

3.2.5　故障切断机制多样

对于交流输电系统，当雷击架空输电线路引起绝缘闪络后，继电保护系统
启动，线路两侧的断路器断开，切断故障电流，并在规定的时间内进行重合闸
操作，线路恢复正常送电。如果重合闸失败，在查明原因后可以重合闸试送一
次，如果还是跳闸，必须进行相关检查，合格后方可送电。

直流输电线路遭受雷击引起绝缘子或塔头空气间隙闪络击穿，造成导线接
地故障后，直流控制保护系统迅速启动，并立即进行判断，一旦确定为线路故
障，会迅速调整整流器的触发角移相至 160° 左右，整流站由整流状态变为逆变
状态运行，故障电流降为零，历经去游离的一段时间，故障点熄弧，系统重新
启动，恢复正常送电，整个过程持续 150～300ms。同时，在单极闪络后，另一
极可以过负荷运行，一般连续过负荷可达 1.2 倍额定功率（持续数小时），暂时
过负荷可达 1.5 倍额定功率以上（持续 3～10s，部分工程通过加冷却等特殊设计
可达 2 倍以上）。直流输电线路控制保护策略常用的再启动方式有"1 次全压重
启+1 次降压重启""2 次全压重启""2 次全压重启+1 次降压重启"等。

由于雷电放电过程往往都伴有多次后续回击放电，当首次雷击引起交流输
电线路发生绝缘子串闪络时线路断路器断开，在重合闸整定过程中若仍有雷电
后续回击，继电保护装置将诊断该次故障未被切除，从而造成重合闸失败，线
路电能传输中断。直流输电线路遭受首次雷击发生故障后，整流器调整为逆变
状态，待导线去游离后第一次启动；若启动过程中仍有后续回击雷电流，整流
器仍为逆变状态，经过约 150ms 去游离时间后，系统将进行第二次启动，整流

器将根据导线上是否有故障电流确定工作状态，相比交流输电线路，直流输电
线路重合闸装置多了一到两次判定机会。

3.3 直流输电线路防雷性能的影响因素

直流输电线路的防雷性能与线路走廊外部环境，如雷电活动、地形地貌及
线路本体等因素息息相关，同时与杆塔自身绝缘配置、保护角、高度以及档距
等参数关联性较大。

3.3.1 雷电活动因素

直流输电线路雷电活动复杂，雷电的频度特征——地闪密度和强度特征——
雷电流幅值，都会直接影响到直流输电线路雷击跳闸（重启）率。雷击属于瞬
时性故障，待闪络过程结束、绝缘恢复后，直流输电线路一般可以重启成功，
恢复正常运行，重启成功率在 90% 以上。但多重回击和长连续电流回击等特殊
雷击现象，已多次造成直流输电线路重启失败而闭锁，目前的雷电监测技术、
防护措施和直流系统控制保护策略，均以防治一般性防雷问题为目标，对这类
特殊雷击现象及防护技术尚缺乏深入研究。

1. 地闪密度

从绕击跳闸（重启）率计算式（3–2）可以看出，地闪密度 N_g 为计算绕击
跳闸（重启）率 SFFOR 的参数之一，且 SFFOR 与 N_g 为正比例关系，即输电走
廊地闪密度越高，直流输电线路发生绕击跳闸（重启）的概率越大。

复奉、锦苏、宾金线的输电线路走廊地闪密度及雷击故障点的分布统计详
见 2.3.2，复奉、锦苏、宾金线地闪密度与雷击重启概率关系如图 3–10 所示。
由图 3–10 可见，地闪密度与雷击重启概率呈现较强的相关性，地闪密度越高，
雷击重启概率越高。

2. 雷电流幅值

雷电流幅值决定了导线、架空地线及大地的击距，从而确定了三者之间
的雷击屏蔽关系。从绕击跳闸（重启）率计算式（3–2）可以看出，雷电流
幅值概率密度函数 $p(I)$ 是绕击跳闸（重启）率 SFFOR 积分式中的一个因
子，$p(I)$ 对 SFFOR 的影响是非线性的。由 ATP/EMTP 及 EGM，可以算出
±800kV 特高压直流输电线路典型杆塔绕击耐雷水平约为 25kA、最大绕击雷

电流约为 70kA，即击中导线并引起重启故障的雷电流幅值为 25～70kA。不同的雷电流幅值累积概率分布表达式 $P(>I)$ 或雷电流幅值概率密度函数 $p(I)$，使分布在 25～70kA 的雷电流概率完全不同，进而对线路防雷性能产生不同影响。

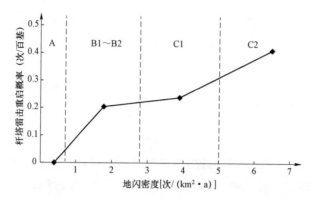

图 3-10 复奉、锦苏、宾金线地闪密度与雷击重启概率关系

为定量计算雷电流幅值累积概率分布对防雷性能的影响，以极 I 为研究对象，地闪密度值取固定值 2.78 次/（km²·a），地面倾角取下坡 30°，统计四川、浙江、上海以及安徽 4 个区域 2015～2020 年负极性雷电流幅值，其累积概率分布表达式及曲线如图 3-11 所示。

在上述 4 种负极性雷电流幅值累积概率分布参数条件下，利用 EGM 分别计算极 I 雷击重启率变化情况，计算结果如表 3-5 所示。从计算结果可以看出，随着 25～70kA 的负极性雷电流占比从 63.42% 降至 27.19%，极 I 雷击重启率从 0.0115 次/（百公里·年）降至 0.0082 次/（百公里·年），两者的下降幅度分别为 36.23%、29.31%，为非线性关系。

$$P(>I) = \frac{1}{1+(I/35.8)^{2.9}}$$

(a)

$$P(>I) = \frac{1}{1+(I/24.2)^{2.2}}$$

(b)

$$P(>I) = \frac{1}{1+(I/17.2)^{1.8}}$$

(c)

$$P(>I) = \frac{1}{1+(I/27.7)^{2.5}}$$

(d)

图 3-11 4 个区域 2015～2020 年的雷电流累积概率分布表达式及曲线（一）
(a) 四川；(b) 浙江；(c) 上海；(d) 安徽

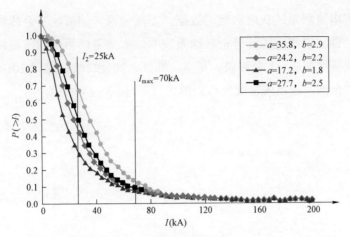

图 3-11 4 个区域 2015～2020 年的雷电流累积概率分布表达式及曲线（二）

（e）各负极性雷电流幅值累积概率分布曲线

表 3-5　　　　　不同负极性雷电流幅值累积概率分布曲线
条件下极 I 雷击重启率变化情况

雷电流幅值累积概率分布参数	25～70kA 的雷电流占比（%）	极 I 导线雷击重启率［次/（百公里·年）］
$a=35.8,\ b=2.9$	63.42	0.0115
$a=27.7,\ b=2.5$	47.52	0.0102
$a=24.2,\ b=2.2$	39.49	0.0093
$a=17.2,\ b=1.8$	27.19	0.0082

3. 特殊雷电

在解决好一般性防雷问题的基础上，还需充分重视并着力解决一些过去防雷设计中尚未充分考虑和细致研究的问题，以及在运行实践中已经暴露出的新问题：① 多重回击造成线路遭受多重雷击，进而导致直流输电线路重启失败，例如 2016 年 6 月 1 日，某±800kV 直流输电线路在 2s 内连续遭受 1 次主放电和 9 次后续回击，最终导致系统重启失败（详见 7.1.4）。② 地闪回击后的长连续电流（持续时间大于 40ms）导致线路重启失败，例如 2017 年 7 月 2 日，单次正地闪回击造成某±800kV 直流输电线路极 II 停运，原因正是由于回击后的长连续电流造成故障点弧道去游离不充分，最终导致系统重启失败（详见 7.1.5）。目前的雷电监测技术、防护措施和直流系统控制保护策略，均以防治一般性防雷问题为目标，面对上述新问题尚无法完全满足实际运行需要，因此亟须开展对短时频发地闪、多重回击和长连续电流雷电等特殊雷击现象的有效观测和分析，提出针对性的防护措施，以提升我国特高压直流输电线路的防雷水平。

直流输电线路雷击防护与工程应用

利用雷电监测系统获取的地闪数据，开展复奉、锦苏、宾金线线路走廊首次回击和全部回击密度统计分析。结果表明，如果考虑后续回击，回击密度比地闪密度数值增加 1～2 个等级。复奉、锦苏、宾金线线路走廊 2014～2020 年首次回击和全部回击地闪密度分布如图 3-12～图 3-14 所示。

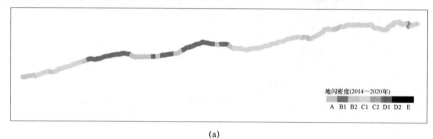

(a)

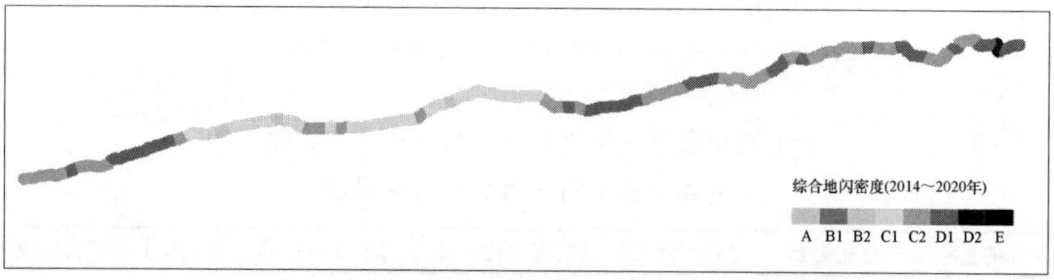

(b)

图 3-12　复奉线线路走廊 2014～2020 年地闪密度分布
（a）首次回击；（b）全部回击

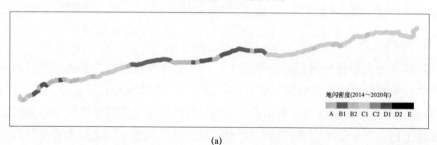

(a)

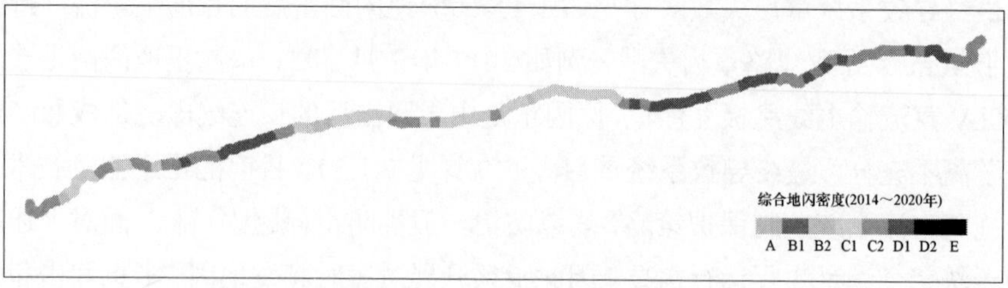

(b)

图 3-13　锦苏线线路走廊 2014～2020 年地闪密度分布
（a）首次回击；（b）全部回击

段_navigation>52段_navigation>

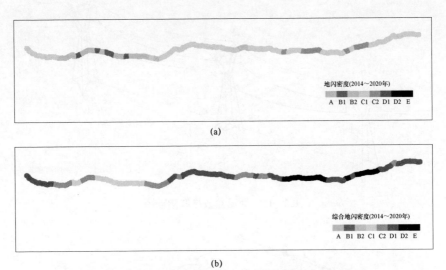

(a)

(b)

图 3-14　宾金线线路走廊 2014~2020 年地闪密度分布

（a）首次回击；（b）全部回击

3.3.2　地形地貌因素

在绕击重启率计算中，直流输电线路走廊的地形地貌参数对防雷性能的影响主要体现在大地对导线的屏蔽效应，其输入量为地面倾角值。

1. 地形因素

地形参数可由地面倾角、几何多面体等方式表征，在使用 EGM 计算绕击重启率时，采用地面倾角，其计算方法如下。

过杆塔中心点 O 做垂直于线路走向的二维平面。在平面内以点 O 为中心左右各水平延伸 100m，地形参数提取侧视图如图 3-15 所示，每隔 25m 设置一个扫描点（点 1~8），结合点 O 共提取 9 个点的海拔，依次计算出点 1~8 处的地面倾角 θ_i（i=1、2、3、4、5、6、7、8）。地形参数提取截面图如图 3-16 所示，连接扫描点与点 O 的连线与水平面夹角即为该点处地面倾角。

雷击闪络率计算时使用的地面倾角值 $|\theta|$ 为

$$|\theta| = \frac{1}{8}\sum_{i}^{8}|\theta_i| \qquad (3-3)$$

53

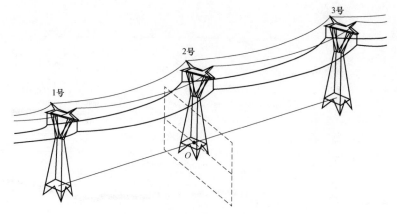

图 3-15 地形参数提取侧视图

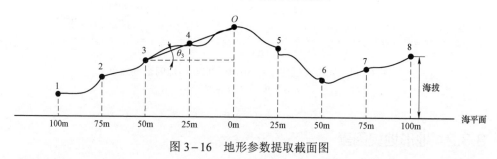

图 3-16 地形参数提取截面图

以极Ⅰ导线为研究对象,地闪密度值取固定值 2.78 次/(km² · a),仿真计算地面倾角从 5°到 30°对绕击重启率变化情况。从仿真结果可以看出,随着地面倾角的增大,大地对导线的屏蔽效应减弱,绕击重启率也随之增加,且变化幅度较大,具体情况如图 3-17 所示。

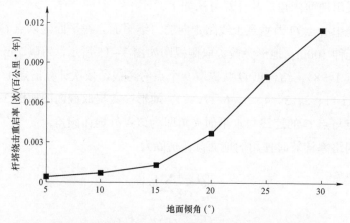

图 3-17 不同地面倾角条件下极Ⅰ导线绕击重启率变化情况

为了对不同倾角范围内的雷击重启情况进行统计分析，在保证各个地面倾角范围内杆塔数量基本一致的情况下，选择1°、2.5°、5°和10°作为不等距分割点，对复奉、锦苏、宾金线杆塔所处地面倾角进行分类，统计不同地面倾角范围的杆塔雷击重启概率，如图3-18所示。复奉、锦苏、宾金线整体上随着地面倾角的增大，雷击重启概率逐渐增大，两者呈现较强的相关性。

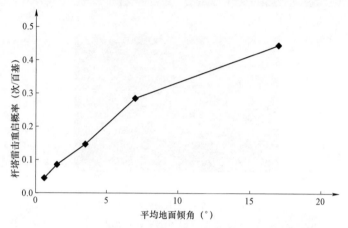

图3-18　复奉、锦苏、宾金线不同地面倾角杆塔雷击重启概率

2. 地貌因素

地貌一般分为山谷、平地、爬坡、沿坡和山顶5种，5种地貌示意图如图3-19所示。

 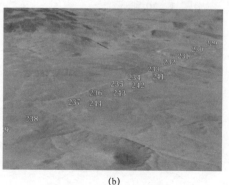

(a)　　　　　　　　　　　　　　　　(b)

图3-19　5种地貌示意图（一）

（a）山谷；（b）平地

注　图中数字为杆塔编号。

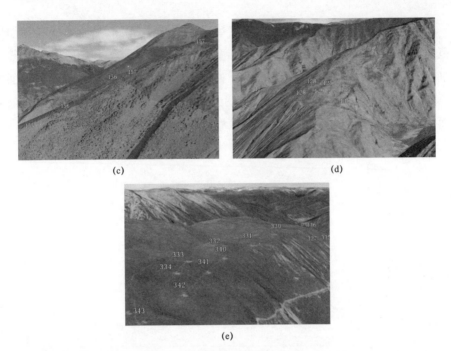

(c)　　　　　　　　　　　　　　　　　　　(d)

(e)

图 3-19　5 种地貌示意图（二）

（c）爬坡；（d）沿坡；（e）山顶

注　图中数字为杆塔编号。

根据 EGM 原理，地面对于位于山顶或山坡外侧导线的雷电屏蔽作用减弱，导线引雷面增大，更容易遭受雷电绕击；地面对于位于山谷或山坡内侧导线的雷电屏蔽作用增强，导线引雷面减小，不容易遭受雷电绕击，地貌对防雷性能影响如图 3-20 所示。

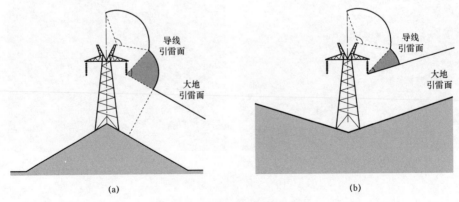

(a)　　　　　　　　　　　　　　　　　　　(b)

图 3-20　地貌对防雷性能影响

（a）山顶；（b）山谷

基于高精度地图数据库,统计复奉、锦苏、宾金线共计 11532 基杆塔所处地貌,位于山谷、平地、爬坡、沿坡、山顶的杆塔占比分别为 4.2%、18.1%、13.2%、29.9%、34.6%。截至 2020 年底,复奉、锦苏、宾金线投运以来共发生雷击重启 24 次,各地貌条件下发生雷击重启次数为 0 次、3 次、3 次、7 次、11 次。统计不同地貌条件下的雷击重启概率,如图 3−21 所示。

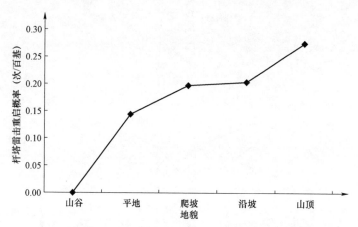

图 3−21　复奉、锦苏、宾金线不同地貌条件下的雷击重启概率

3.3.3　线路本体因素

杆塔结构对直流输电线路防雷性能的影响主要包括绝缘配置、保护角、档距、高度以及接地电阻。

1. 绝缘配置

绝缘配置的高低一般由绝缘距离表征,雷电冲击作用下,在直流输电杆塔塔头可能存在沿绝缘子串干弧间隙、导线到塔身或横担空气间隙的多条闪络路径,其中最短距离路径发生闪络的概率最大。据统计,±500kV 及以上直流输电线路,V 形绝缘子串占比约为 70%,I 形绝缘子串占比约为 30%,两种串型的杆塔可能的闪络路径如图 3−22 所示。

绝缘配置对输电线路耐雷水平具有直接影响,绝缘配置越高,耐雷水平越高。±500～±1100kV 直流输电线路典型杆塔绝缘配置及耐雷水平情况如表 3−6 所示。

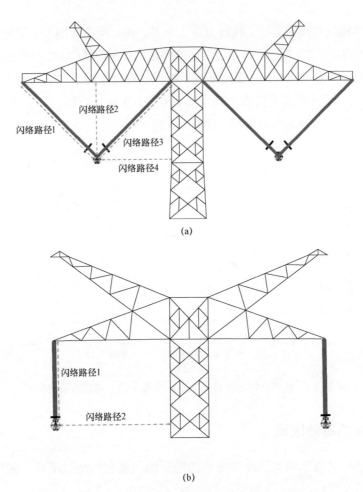

图 3-22　雷击时直流输电杆塔塔头可能存在的闪络路径
(a) V 形绝缘子串；(b) I 形绝缘子串

表 3-6　±500～±1100kV 直流输电线路典型杆塔绝缘配置及耐雷水平

电压等级（kV）	绝缘子典型配置	绝缘子串干弧距离（mm）	最短空气间隙距离（mm）	反击耐雷水平参考范围（kA）	绕击耐雷水平参考范围（kA）
±500	170mm×35 片	5950	5950	188～217	17～24
±800	复合绝缘子	11 600	7000～8000	282～325	25～35
±1100	复合绝缘子	15 090	11 000～12 000	350～400	38～48

　　根据国网公司 2016～2020 年直流输电线路运行情况统计，±500kV 和±800kV 直流输电线路折算至地闪密度 2.78 次/（km² · a）下的雷击重启率，如表 3-7 所示。±500kV 直流输电线路平均雷击重启率为±800kV 直流输电线路

的 3.07 倍。±1100kV 直流输电线路在 2019 年投运，截至 2020 年底尚未发生雷击重启。

表 3-7　　　　　　±500kV 和±800kV 直流输电线路雷击重启率

次/（百公里·年）

电压等级（kV）	年份					
	2016	2017	2018	2019	2020	5 年平均
±500	0.128	0.069	0.027	0.102	0.089	0.083
±800	0.048	0.031	0.020	0.025	0.011	0.027

2. 保护角

保护角是指不考虑风偏情况下，架空地线和导线连线与架空地线对水平面的垂线之间的夹角，保护角示意图如图 3-23 所示，计算如式（3-4）所示。

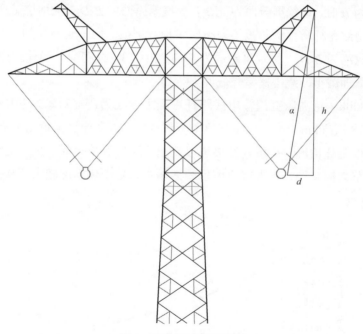

图 3-23　保护角示意图

$$\alpha = \tan^{-1}\frac{d}{h} \qquad\qquad (3-4)$$

式中：α 为保护角，（°）；d 为导线挂点与架空地线挂点水平方向距离，m；h 为

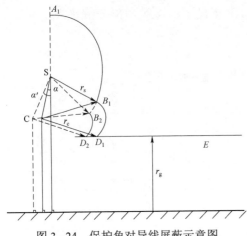

图 3-24　保护角对导线屏蔽示意图

架空地线挂点与导线挂点垂直方向高差，m。

架空地线总是在导线上方，故 h 总为正值；当导线在架空地线外侧时，d 为正值，α 亦为正值，当导线在架空地线内侧时，d 为负值，α 亦为负值。

保护角的大小直接影响着线路绕击防护性能，当保护角过大时，导线暴露弧增加，导线遭受绕击的概率增加。

保护角对导线屏蔽示意图如图 3-24 所示，图中 S 为架空地线；C 为导线；r_s、r_c、r_g 分别为架空地线、导线及大地的击距半径。当直流输电线路杆塔保护角为 α 时，地线屏蔽面为 A_1B_1，导线暴露面为 B_1D_1，大地屏蔽面为 D_1E。当直流输电线路杆塔保护角减小为 α' 时，地线屏蔽面向下延伸为 A_1B_2，导线暴露面向内收缩为 B_2D_2，大地屏蔽面为 D_2E。由图 3-24 可见，当保护角减小时，导线的暴露面减小，绕击概率降低。

以 ±800kV 特高压直流输电线路杆塔极 I 导线为研究对象，地闪密度值取固定值 2.78 次/（km² • a），地面倾角取下坡 30°，仿真计算保护角从 0° 到 15° 绕击重启率变化情况。从仿真结果可以看出，随着保护角的增大，架空地线对导线的屏蔽效应减弱，绕击重启率也随之增加，且变化幅度较大，具体情况如图 3-25 所示。

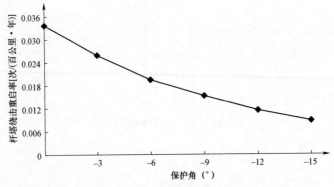

图 3-25　不同保护角条件下极 I 导线绕击重启率变化情况

3. 档距

一般情况下，档距增大，引雷面积增加，更易被雷电击中，且大档距一般跨越山谷、河流等，档距中央导线对地高度增加，地面对导线的雷电屏蔽作用减弱，更易发生雷电绕击。对复奉、锦苏、宾金线的档距进行统计后，得到不同档距杆塔雷击重启概率分布（见图 3-26）。杆塔雷击重启概率与平均档距之间存在非常强的正相关性，档距越大，线路的雷击故障重启概率越高。档距在700m 及以上的杆塔雷击重启概率达到 0.510 次/百基。

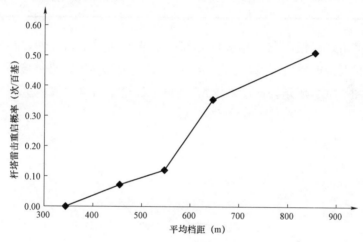

图 3-26　复奉、锦苏、宾金线不同档距杆塔雷击重启概率分布

4. 杆塔高度

线路雷击故障和杆塔高度有一定的关联性，杆塔高度对线路引雷次数有影响，杆塔高度过高，导致导线离地面高度较高，从而减小了地面对导线的雷电屏蔽性能，有可能导致线路发生雷电绕击次数增加。

杆塔增高，引雷面积增大，落雷次数增加，雷电波沿杆塔传播到接地装置时引起的负反射波返回到塔顶或横担所需的时间增长，致使塔顶或横担电位增高，易造成反击，使雷击重启概率增加。

复奉、锦苏、宾金线杆塔高度最小为 42m，最高为 148m，平均杆塔高度为74.3m，为分析杆塔高度对直流输电线路防雷性能的影响，将杆塔高度按区间划分，各高度区间杆塔数量占比、平均高度、雷击次数及雷击重启概率如表 3-8所示。

表 3-8　　　　　　复奉、锦苏、宾金线各高度区间杆塔数量、
平均高度、雷击次数及雷击重启概率

高度区间（m）	杆塔数量占比（%）	平均高度（m）	雷击次数（次）	雷击重启概率（次/百基）
60 及以下	14.5	55.6	1	0.06
(60，65]	17.4	62.4	2	0.1
(65，70]	22.4	67.2	6	0.232
(70，75]	14.7	71.7	4	0.236
(75，80]	11.8	76.9	3	0.22
(80，85]	12.3	82.5	5	0.352
85 以上	6.9	89.9	3	0.379

　　杆塔雷击重启概率与平均高度之间存在非常强的正相关性，杆塔高度越高，线路的雷击重启概率越高，复奉、锦苏、宾金线不同杆塔高度雷击重启概率分布如图 3-27 所示。高度在 85m 及以上杆塔雷击重启概率达到 0.379 次/百基。

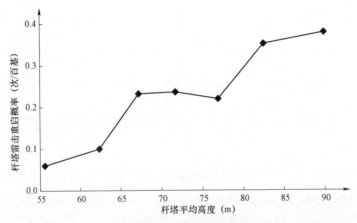

图 3-27　复奉、锦苏、宾金线不同杆塔高度雷击重启概率分布

　　5. 接地电阻
　　通常所说的接地电阻是指在工频或直流电流流过时的电阻，称为工频（或直流）接地电阻；而雷电冲击电流流过时的电阻，称为冲击接地电阻。从物理过程来看，雷电冲击电流与工频电流有两点区别，一是雷电冲击电流的等值频率高，二是雷电冲击电流的幅值大。雷电冲击电流的等值频率很高，会使金属接地体本身呈现很明显的电感作用，阻碍电流向接地体的远端流通。对于长度

较大的金属接地体这种影响更显著，结果使金属接地体得不到充分利用。雷电冲击电流的幅值大，会使地中电流密度增大，从而提高地中电场强度，在接地体表面附近尤为显著。地中电场强度超过土壤击穿电场强度时会发生局部火花放电，使土壤电导增大，其效果犹如增大了接地电导体的尺寸，使接地电阻小于工频电流下的数值，这一过程称为火花效应。火花刺的结构就是充分利用了火花效应，在引下线入地处增加火花刺结构，增加了雷电冲击电流的散流通道，杆塔防雷接地火花刺示意图如图 3-28 所示。

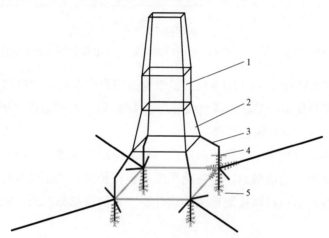

图 3-28　杆塔防雷接地火花刺示意图

1—塔身；2—塔腿；3—接地引下线；4—接地导体；5—火花刺

对于同一输电杆塔，随着杆塔接地电阻值的增加，反击耐雷水平显著降低，反击跳闸率显著增加，这是由于当杆塔接地电阻增加时，雷击塔顶时塔顶电位更高，绝缘子承受过电压增大，降低了线路的反击耐雷水平，提高了线路的雷击重启率。但是特高压直流输电线路因具有较高的绝缘水平，反击耐雷水平也较高，接地电阻对高压直流输电线路反击故障影响较低。

复奉、锦苏、宾金线接地电阻最小为 0.46Ω，最大为 18.6Ω，平均接地电阻为 4.9Ω，分析接地电阻对直流输电线路防雷性能的影响，复奉、锦苏、宾金线不同接地电阻与雷击重启概率之间变化关系如图 3-29 所示，从图 3-29 可以看出，杆塔雷击重启概率与接地电阻之间相关性较弱。直流输电线路雷击故障以绕击为主，接地电阻对反击耐雷水平有一定影响，而直流反击耐雷性能本身较强，因此两者相关性较差。

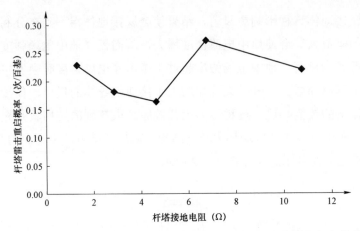

图 3-29   复奉、锦苏、宾金线不同接地电阻与雷击重启概率之间变化关系

采用 ATP/EMTP 法对 ±800kV 直流输电线路典型杆塔 ZC27152 进行计算，接地电阻设置为复奉、锦苏、宾金线平均值 4.9Ω 时，反击耐雷水平为 287kA，自然界中出现该雷电流幅值的概率极低。

综上所述，直流输电线路的防雷性能与雷电地闪密度、雷电流幅值、导线极性、地形地貌、地面倾角、杆塔绝缘配置、保护角、档距以及杆塔高度具有明显的相关性，而与杆塔接地电阻关联性不大。防雷措施的选取应综合考虑上述影响因素。

4

直流输电线路的防雷措施

交流输电线路一般按照防绕击、防闪络、防建弧、防断电的原则设置四道防线。直流输电线路与交流输电线路在雷击闪络过程方面是相似的，区别在于交流输电线路雷电冲击闪络后建立稳定的交流电弧，电弧电流存在过零点，依靠线路断路器分闸将电弧有效熄灭，再触发后续重合闸恢复供电，重合闸失败则线路停电；而直流输电线路雷电冲击闪络后建立的是直流电弧，电弧电流不存在过零点，传统的断路器无法将电弧有效熄灭，依靠控制保护系统重启、转变换流阀工作状态而熄弧，多次重启失败则闭锁，线路停电。交、直流输电线路在防绕击、防闪络、防建弧方面的技术措施是相似的，如架设架空地线及减小保护角、安装塔顶避雷针、加强绝缘、降低接地电阻可以同时用于交、直流输电线路，属于通用防雷措施。从交流输电线路的运行效果来看，线路避雷器效果较好，但由于多方面原因不能直接应用于直流输电线路，研发直流输电线路专用的避雷器需要解决关键材料配方与制备工艺、关键电气性能、结构形式、安装方式等问题。这些措施都是被动性防护措施，近年来技术逐渐成熟而兴起的雷击风险预警则是主动性防护措施，也属于通用防雷措施中的一种，本章将分别介绍通用防雷措施和专用避雷器。

4.1 通 用 防 雷 措 施

通用防雷措施可分为主动防雷措施和被动防雷措施。主动防雷措施是在事前预判可能存在的雷击风险，目前在特高压直流输电通道中已逐步应用雷击风险预警技术；被动防雷措施是在事后提高抵御雷击的能力。在相同雷电流幅值条件下，雷电绕击导线产生的过电压远大于雷电反击（如雷击塔顶）产生的过电压，雷击防护的第一道防线就是防止雷电击中导线，即防绕击。防绕击的常规措施包括架设架空地线及减小保护角、安装避雷针，该措施对交、直流输电线路通用。雷击发生在绝缘间隙上产生冲击过电压，第二道防线就是尽可能提升耐受过电压能力和限制过电压幅值，防止过电压造成绝缘闪络。防闪络的常规措施包括加强绝缘、降低接地电阻。

4.1.1 架设架空地线及减小保护角

1. 架空地线

架空地线也称避雷线，是线路防雷的第一道屏障。20 世纪 30 年代初，避雷线已用于输电工程防雷，但那时人们认为输电线路的雷害主要由感应雷引起，因此避雷线被设计为防止感应雷过电压，安装时尽量靠近导线。到 20 世纪 50～60 年代，通过雷电观测和统计归纳，人们逐渐认识到对于高压输电线路而言，雷电的主要危害为直击雷，因此，避雷线被设计为防止直击雷过电压，同时，如何最大化发挥避雷线的屏蔽效果也开始得到系统性研究。将避雷线架设在导线上方，起到两重作用：① 先于导线拦截雷电，防止雷电直击导线，让雷击尽可能以反击形式出现。② 雷击塔顶或避雷线时，使雷电沿避雷线分流和从塔身入地，降低绝缘间隙的过电压幅值，提高耐雷水平。

我国现行规程对 110～330kV 输电线路架设避雷线的要求一般是全线架设 2 根，雷电活动轻微区域可架设 1 根，且进线段 1～2km 范围必须架设 2 根；对 500kV 及以上电压等级线路，要求全线架设 2 根避雷线。高压直流输电工程均是全线架设 2 根避雷线。

2. 保护角

规程上对高压直流输电线路杆塔保护角推荐值见表 4-1，尽管有的线路杆塔已采用 0°甚至负保护角，仍然无法避免雷电绕击故障。

表 4-1　　　　　规程上对高压直流输电线路杆塔保护角推荐值

电压等级（kV）	回路形式	保护角（°）
±400	单回	≤5
±500	单回	≤5
	同塔双（多）回	≤0
±660	单回	≤0
±800	单回	≤-10
±1100	单回	≤-10

理论模型和运行经验均表明，减小保护角可以加大避雷线的屏蔽作用、降低导线遭受雷电绕击的概率。通常可考虑以下 4 种方法减小线路的保护角。

（1）将避雷线外移，减小避雷线和导线之间的水平距离，此时应注意避雷线不能外移太多，应保证杆塔上 2 根避雷线之间的距离不应超过避雷线与导线间垂直距离的 5 倍。

（2）将导线内移，减小避雷线和导线之间的水平距离，可以避免杆塔重量增加和基础应力增大的问题，还可以建造更紧凑的输电线路，减小输电走廊，造价会更低，但应兼顾导线与塔身的间隙距离满足绝缘配合要求。

（3）增加绝缘子片数，降低导线挂线点高度而保持避雷线不变，这适用于保护角为正值的情况，增加避雷线与导线挂点高差使保护角由正值减小至趋于 0，但同时杆塔的重量和应力都随之增加，导线净空高度需要再次校验。

（4）升高避雷线支架，增加避雷线挂点高度而保持导线不变，这适用于保护角为正值的情况，增加避雷线与导线挂点高差使保护角由正值减小至趋于 0，需要重新设计避雷线支架和避雷线横担，使整塔高度增高，带来杆塔阻抗增大、线路引雷增多等其他问题。

保护角需要兼顾雷电、覆冰、大风、高温等多种工况条件下的荷载要求，通常在设计阶段平衡各种需求后确定，投运后再进行改造，需要停电施工，周期长、费用高、难度大，且易带来其他问题，总体代价高昂。此外，在保护角已经为负值的条件下，继续减小保护角，绕击重启率下降幅度趋于平缓，即减小保护角的效果已不明显。因此，在投运后进行减小保护角的改造，技术经济性不高，在高压直流输电线路工程中通常不予考虑。

4.1.2　安装塔顶避雷针

自富兰克林发明现代避雷针以来，避雷针被广泛用于飞机、建筑物、电力系统等防雷。当雷云放电接近地面时，避雷针使地面电场发生畸变，在针尖形成局部电荷集中空间，以影响雷电先导放电的发展方向，尽可能地引导雷电向针尖放电。从这个角度看，避雷针实为"引雷针"。我国建筑防雷规程以接闪杆代指避雷针，接闪杆连同金属构件和引下线、接地装置共同组成了建筑物（构筑物）的外部防雷装置，用以避免或减少闪电击中建筑物（构筑物）。我国电力系统仍称其为"避雷针"，避雷针与铁塔、接地装置共同组成防雷装置，这与建筑物（构筑物）的接闪杆是相似的，都是构建一条有效的放电通道，引导雷电流泄放入地，从而保护目标对象。

输电线路杆塔中使用的避雷针，包括竖直安装在塔顶的塔顶避雷针、横向安装在导线横担的侧向避雷针、横向安装在避雷线上的防绕击侧向避雷针。其中，安装在避雷线的侧向避雷针在运行过程中与避雷线磨损造成断股、断线，不被推荐使用，甚至被要求拆除；安装在杆塔导线横担上的侧向避雷针，在交流输电线路上有一定应用，在直流输电线路中未见应用报道。本书主要介绍使用较广泛的塔顶避雷针，锦苏线某段在 2016 年和 2020 年分别安装了 92 支、28 支塔顶避雷针，目前均未发生雷击闪络，一定程度提升了线路的防雷性能，锦苏线塔顶避雷针现场图片如图 4−1 所示。

图 4−1　锦苏线塔顶避雷针现场图片

无论何种形式的避雷针，对绕击防护都起到了积极作用，但也存在局限性。

（1）保护范围有限。现行规程对避雷针保护范围有明确的计算式，是一种工程简化算法，安装了避雷针仍发生闪络的现象依旧较频繁，事实上避雷针仅能保护塔头附近，在地形环境恶劣的条件下，避雷针无法防护到全档距范围。

（2）引起感应过电压。雷电冲击电流沿避雷针入地时，在被保护物上形成感应过电压，避雷针在易燃易爆环境（如油罐、气罐）中使用有严格限制条件，高压直流输电线路绝缘水平高，感应过电压威胁不大，该问题并不明显。

（3）增加反击概率。避雷针本质上增加了自身引雷概率，因此对雷电泄放通道提出了更高要求，若应用在接地电阻偏大的杆塔上，可能增加反击闪络概率。一般只在较高电压等级的线路杆塔选择性使用，高压直流输电线路反击耐雷水平高，该问题也不明显。

总体来说，避雷针防护范围有限，如何选取避雷针的安装点也需结合杆塔的型式和地形地貌总结一套行之有效的方法，宜增加动作监测装置评估避雷针引雷和对导线防护的效果。

4.1.3　加强绝缘雷电冲击耐受水平

在 3.3.3 已描述直流输电杆塔塔头可能存在雷电冲击闪络路径，各路径距离不同，其中最短距离路径发生闪络的概率最大，绝缘间隙长度对杆塔防雷水平十分重要。国内外相关研究机构通过对空气间隙进行高压冲击放电试验，得出不同空气间隙长度下负极性 50% 雷电冲击放电电压，试验结果如图 4-2 所示。不同研究机构的研究结果略有差异，但大致趋势相同，当空气间隙长度小于 8m 时，50%雷电冲击放电电压与间隙长度基本呈线性关系，但当空气间隙长度继续增加时，50%雷电冲击放电电压将趋于饱和。

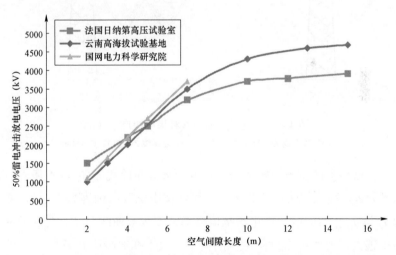

图 4-2　不同空气间隙长度下负极性 50% 雷电冲击放电电压试验结果

在绝缘子串长或放电间隙约 8m 范围内，即线性区，50% 雷电冲击放电电压与绝缘子串长或放电间隙近似呈线性关系，如式（4-1）所示，它基本上确定了线路的绕击耐雷水平。

$$U_{50\%} = 533L + 132 \qquad (4-1)$$

式中：$U_{50\%}$ 为绝缘子串 50% 雷电冲击放电电压，kV；L 为绝缘子串长或放电间隙距离，m。

以下以复奉、锦苏、宾金三条特高压直流输电线路的运行结果进行说明。宾金线直线塔优化设计后，塔头尺寸及绝缘子串长较复奉线、锦苏线明显减小，以 ZC27152 型直线塔为例，宾金线使用的塔头与复奉、锦苏线的塔头相比较，导线至塔身的空气间隙（最小空气间隙）从 7664mm 减小到 6479mm，缩短了15.5%，宾金线、复奉线杆塔结构尺寸对比如图 4-3 所示。投运以来，复奉、锦苏、宾金线的平均雷击重启率分别为 0.0198、0.0567、0.1362 次/（百公里·年），宾金线平均雷击重启率是锦苏线的 2.4 倍，是复奉线的 6.87 倍，宾金线绝缘水平偏低是重要因素之一。

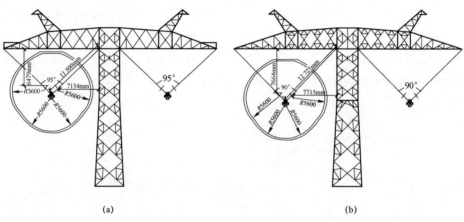

图 4-3　宾金线、复奉线杆塔结构尺寸对比

（a）宾金线 ZC27152 型直线塔；（b）复奉线 ZC27152 型直线塔

造成线路绕击的雷电流幅值概率密度函数分布曲线如图 4-4 所示。记绕击耐雷水平为 I_2，最大绕击电流为 I_{rmax}，线路绕击电流范围为 $I_2 \sim I_{rmax}$，即图 4-4 所示的 I_2 与 I_{rmax} 的间隔。雷电流幅值概率密度函数曲线与 I_2、I_{rmax} 及横轴间围成的面积越大，表明绕击危险电流的概率越大。在典型配置条件下，复奉线 I_2 约为 30kA，而 I_{rmax} 与地形条件有关，一般在 40~75kA。宾金线绝缘强度缩减了 15.5%，造成 I_2 从 30kA 减小到 25.4kA，I_2 左移将导致绕击危险电流的概率增加，采用电气几何模型计算，在全线平均地面倾角条件下，宾金线绕击危险电流的概率是复奉线的 4.3 倍左右。

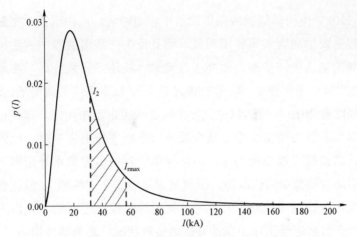

图 4-4　造成线路绕击的雷电流幅值概率密度函数分布曲线

加强绝缘的手段即增加绝缘子长度和增大塔型尺寸，增加导线至塔身的空气间隙距离，可以提升耐受过电压能力，但由于上述饱和特性，故绝缘子串长也并非越长越好。±500kV 超高压直流输电线路绝缘子串长已达 5～6m，±800kV和±1100kV 特高压直流输电线路绝缘子串长在 10m 以上，继续增加绝缘子串长会使雷电冲击放电电压进入饱和区，提升耐雷水平的作用削弱，同时在绝缘上还要兼顾导线与塔身的空气间隙距离，才能保障这种提升作用。与保护角类似，绝缘配置在设计阶段权衡各种工况需求而确定下来，投运后再进行改造，工程实施代价高，除非必须进行线路调爬，很少用作防雷改造措施。

4.1.4　降低接地电阻

由于电流总是选择电阻小的路径传导，发生雷击时，只要能保证杆塔传导雷电流通道阻抗足够低，连通导线有足够的通流截面及良好的导电性，就能迅速将雷电流安全泄入大地。降低接地电阻可降低雷电反击过电压幅值，提高耐雷水平。

常用的降阻措施：①　物理方法，如增大接地网面积、外延地网、增大接地导体尺寸、埋深接地极、优化接地极布置形式等。②　改善接地体局部土壤电阻率的方法，如在接地体周围土壤添加降阻剂、增设降阻模块、局部换土等，在降阻特别困难的山岩地区，通过炸药爆破形成空隙再高压灌注降阻材料。③　使用新型接地导体材料的方法，如用柔性石墨复合材料等替代传统的金属材料。

110、220kV 电压等级的线路绝缘水平相对较弱，反击耐雷水平低，降低接地电阻对提升反击耐雷水平作用明显，而且反击在雷击故障中占比很高，故经常作为主要的防雷改造措施。而高压直流输电线路绝缘强度高，接地电阻已经很小，反击耐雷水平很高（一般在 150kA 以上），反击闪络的概率低，如±800kV 直流输电线路自 2010 年投运以来仅发生过 2 次雷电反击闪络，即使进一步降低接地电阻对提升反击耐雷水平、减少反击闪络概率作用也有限。此外，高压直流输电线路雷击故障以绕击为主，而接地电阻对绕击耐雷水平无影响，降低接地电阻并不能有效减少雷击故障。虽然常说"防雷在于接地"，但综合上述两方面原因，高压直流输电线路一般不考虑采用降低接地电阻的方式作为防雷改造措施，仅需在日常运维工作中保持好接地装置状况，避免锈蚀损坏。

4.1.5　加强雷击风险预警

直流输电线路电压等级高、重要性强，雷害对其可能引发的损失也大，仅仅依靠传统的被动防护技术已无法完全满足安全运行需要。因此，有必要对直流输电线路雷电活动进行预警，在雷暴临近和经过输电通道期间采用调度、运行、维护、检修、应急等联动的主动性动态防护技术，尽量减少因雷电造成的停电损失和人员伤害。

雷击风险预警系统（简称预警系统）是基于现代雷电物理研究成果，采用电磁遥测技术、卫星同步对时技术、地理信息技术和计算机软硬件技术，结合输电线路雷击风险评估与预警模型，实时计算得到所覆盖区域未来一段时间内可能发生的雷电活动情况，并对输电线路正常运行可能造成的影响程度发出不同等级预警信息。系统能够提前提醒电网运维检修、调度运行、基建施工工作人员以及其他专业相关人员在雷暴来临前做好雷击防护措施或紧急应对预案，从而提升电网雷电灾害主动性防御技术水平。

预警系统采用"两级（主站+子站）部署、三级（主站用户、子站一级用户、子站二级用户）应用"的体系架构，分别在预警子站和主站完成预警系统软硬件部署，依次为主站、子站用户提供相应的雷击风险预警应用服务，与管控平台、调控系统等外部系统以接口的形式提供开放式数据服务，从而为不同层级、不同领域用户提供雷击风险预警服务，预警系统应用部署架构如图 4-5 所示。

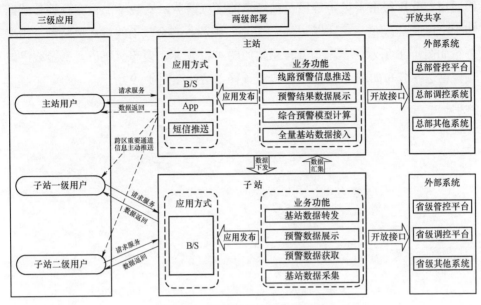

图 4-5 预警系统应用部署架构

雷电预警工程设备端主要由雷击风险预警传感站（简称预警传感站）、雷击风险预警雷达站（简称预警雷达站）等探测或接收设备组成，是实现预警特征参量监测、标定及发送的装置，也是整个预警系统基础性数据的来源。考虑到预警传感站在电网中的应用，应尽量保证装置的运行稳定性和数据的完整性，同时兼顾输电线路重要性与所在区域雷电活动频次，预警传感站选站布站原则如下：

（1）优先选择落雷密度较高的区域。

（2）优先选择雷击事故发生率较高的输电线路。

（3）重点关注或期望关注区域的输电线路。

（4）市电供电（220V，50Hz），能为雷电预警装置供电，最好具有有线通信条件，无线通信环境良好。

预警雷达站的选址原则：按照覆盖面积最大化、不同雷达间相互衔接配合覆盖的原则，综合考虑电网重要输电线路分布、历史雷击风险分布等因素，确定电网预警雷达站布点数量和位置。

2017～2020 年，针对复奉、锦苏、宾金线线路落雷情况及故障分布，规划

73

建设了预警系统，全面覆盖这三条重要输电线路。已实现对复奉、锦苏、宾金线通道部分Ⅳ级雷害风险等级及故障点的区域覆盖，安装了上百套预警传感站和 19 个预警雷达站，工程完成后，复奉、锦苏、宾金线沿线雷击风险预警精度分布如图 4-6 所示，典型预警传感站如图 4-7 所示。复奉、锦苏、宾金线沿线预警雷达站分布如图 4-8 所示，典型预警雷达站如图 4-9 所示。

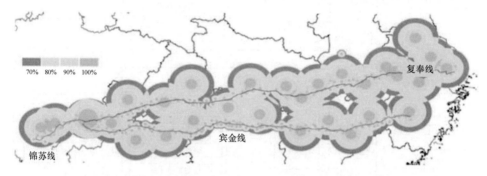

图 4-6 复奉、锦苏、宾金线沿线雷击风险预警精度分布图

图 4-7 典型预警传感站

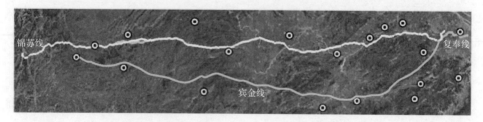

图 4-8 复奉、锦苏、宾金线沿线预警雷达站分布

(a)

(b)

图 4-9 典型预警雷达站
(a) 典型站点 1;(b) 典型站点 2

4.2 专用避雷器

前文所述的几种常规防护措施中,避雷线已成为线路防雷保护设计的标准配置;保护角和绝缘强度一般在设计阶段确定,在运行改造阶段再进行改造的成本较高,而且雷电存在较强的随机性,尽管高压直流输电工程的保护角设计已经很小、绝缘强度设计已经很高,但仍无法全面防护雷击;避雷针可以提升绕击防护性能,但保护范围有限;降低接地电阻主要是为了有效降低反击闪络概率,而高压直流输电工程接地电阻已较小,且雷击故障是以绕击为主,故防雷改造时一般不再需要考虑降低接地电阻。采用线路避雷器作为有效的防雷措施,在第二和第三道防线上均起到作用,在交流输电线路已积累了足够的运行经验,近年来随着超/特高压直流输电线路避雷器的研发成功,被推广至直流输电线路中,理论上防护效果与杆塔结构、地形地貌、档距等外在因素均无关,在其他防护措施不理想的杆塔上其技术经济性尤其突出。

线路避雷器最早由美国 AEP 和 GE 公司于 1982 年在 138kV 线路上安装应用,其结构上采用环氧玻璃筒包裹氧化锌电阻片,筒外套上橡胶裙套。日本于 1986 年开始在雷电活动严重地区的输电线路上安装线路避雷器,安装线路避雷器后,被保护线路没有出现任何雷击闪络事故,而同塔双回线路没有安装线路避雷器,则仍有雷击故障出现。线路避雷器可限制雷电过电压幅值，对绕击、反击均起作用，可有效防护与其并联的绝缘子，由于其良好的防护效果，被认为是防止线路雷击故障最有效的措施。

2012 年，±500kV 直流输电线路避雷器研制成功，于 2014 年在 ±500kV 江城线挂网运行，此后被推广至其他 ±500kV 线路并形成规模化应用；2016 年，±660kV、±800kV 线路避雷器也相继研发成功，±800kV 线路避雷器在宾金线挂网运行，±660kV 线路避雷器在银东线挂网运行，各电压等级直流输电线路避雷器的现场运行情况如图 4–10 所示。以国网公司 ±800kV 直流输电线路和 ±500kV 直流输电线路为例，自 2016 年 ±800kV 线路避雷器投运以来，±800kV 直流输电线路雷击重启率呈现逐年下降趋势，2020 年较 2016 年降低约 80%，自 2014 年 ±500kV 线路避雷器投运以来，±500kV 直流输电线路雷击重启率波动，但总体为逐年下降趋势，2020 年较 2014 年降低约 32%，2014～2020 年国网公司 ±800kV 和 ±500kV 直流输电线路雷击重启率如图 4–11 所示。近年来的运行经验表明，采用直流输电线路专用避雷器防雷，有效降低了雷击故障发生，是直流输电线路雷击防护的有效措施。

(a)　　　　　　　　　　(b)　　　　　　　　　　(c)

图 4–10　各电压等级直流输电线路避雷器的现场运行情况

（a）±500kV 线路避雷器；（b）±660kV 线路避雷器；（c）±800kV 线路避雷器

本章所述的几种通用防雷措施的技术原理在交、直流线路上是相同的，应用于不同电压等级的线路时防护效果有所不同。直流输电线路防雷措施效果对比如表 4–2 所示。应针对高压直流输电工程的线路杆塔、雷击故障的特点，合理采取防雷措施。线路避雷器在交流输电线路防雷效果较好，已积累了较多的运行经验，但在工作原理、性能参数等方面与直流系统存在不同，不可直接用于直流输电线路。总的来说,依靠通用防雷措施已难以满足直流输电线路的防雷需求,研制直流输电线路专用的雷击闪络限制装备(如专用避雷器),开发关键材料配方与制备工艺,提出关键电气性能、结构参数,确定合理的安装方式、试验检测与维护方法十分必要。

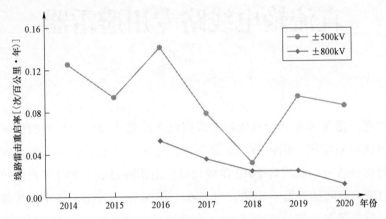

图4-11 2014～2020年国网公司±800kV和±500kV直流输电线路雷击重启率

表4-2   直流输电线路防雷措施效果对比

防雷措施	防雷效果	适用阶段
架设架空地线及减小保护角	防止雷电直击导线的必备措施,高压直流输电线路配置2根,高压直流输电线路保护角设计值已经为零甚至负值,继续减小的防护效果有限,运行阶段改造成本高	设计阶段
安装避雷针	可以降低导线被绕击概率,在山顶、跨越山谷、大档距等条件下效果减弱,存在档中被雷击的可能性	设计或运行阶段均可
加强绝缘雷电冲击耐受水平	可以提高反击、绕击耐雷水平,运行阶段改造成本高,高压直流输电线路绝缘设计值已经很高,继续加强绝缘的提升效果有限	主要用于设计阶段,运行阶段使用少
降低接地电阻	主要提升反击耐雷水平,与绕击防护无关,高压直流输电线路反击耐雷水平已经很高,继续降低接地电阻提升作用不大,且雷击故障以绕击为主,降低接地电阻对绕击耐雷水平无影响	设计或运行阶段均可,但不作为主要防雷措施
加强雷击风险预警	用于提升直流输电线路雷击防护主动性,可减少雷击带来的人身伤害及设备损坏等,但由于雷电提前预警的时间较短,故要求运维人员对预警信息快速及时做出响应	一般用于线路运行阶段
安装专用避雷器	同时提升反击、绕击耐雷水平,理论上可保护与之并联的绝缘间隙不发生雷击闪络,防护效果与地形地貌、档距等外在因素无关	设计或运行阶段均可

5

直流输电线路专用避雷器

采用避雷器防雷是交、直流输电线路众多防雷措施中最有效的措施之一。交流输电线路避雷器在国内外已运行多年，结构、性能、防雷效果也得到了运行单位的充分认可。我国自 2012 年成功研发出国际首套±500kV 直流输电线路避雷器以来，又陆续开发了±800、±660、±400、±1100kV 各电压等级系列直流输电线路避雷器，累计实现了 2000 余套避雷器设备的大规模工程应用。2020 年，国网公司±500kV 直流输电线路雷击重启率较 2014 年下降了 32%，2020 年，±800kV 直流输电线路雷击重启率较 2016 年下降了 80%，避雷器的大规模工程应用对跨区大电网的安全稳定运行发挥了重要作用。本章阐述了直流输电线路避雷器的工作原理、性能参数和结构组成。

5.1 直流输电线路避雷器的工作原理

直流输电线路避雷器是用以限制线路绝缘雷电过电压的一种电气设备，它并联连接在被保护设备（线路绝缘子串和塔头空气间隙）附近。当直流输电线路遭受雷击时，线路绝缘子串或塔头空气间隙两端将产生较高的过电压，当该过电压值超过线路绝缘子串和塔头空气间隙本身的雷电冲击 50% 放电电压时，将发生绝缘闪络。加装避雷器以后，当输电线路遭受雷击时，避雷器将与线路绝缘子串和塔头空气间隙共同承担雷击过电压，由于避雷器的雷电冲击 50% 放电电压低于线路绝缘子串和塔头空气间隙的雷电冲击 50% 放电电压，作用在避雷器两端的电压将率先超过避雷器的雷电冲击 50% 放电电压，避雷器优先放电，将大部分雷电流从避雷器导入大地，并利用避雷器的非线性伏安特性进一步限制过电压的幅值，使线路绝缘子串和塔头空气间隙两端的电位差小于其本身的闪络电压，发挥避雷器钳制电位的作用，从而保护线路绝缘子串和塔头空气间隙免遭雷击过电压击穿或损坏。

直流输电线路避雷器起到非线性伏安特性的关键元器件为内部的氧化锌电阻片，下面对氧化锌电阻片的典型微观结构、关键材料配方与制备工艺及电气性能进行介绍。

5.1.1 典型微观结构

氧化锌电阻片是对施加于其两端电压敏感的一类电子陶瓷元件，采用传统陶瓷工艺制备而成。当外加电压达到某一临界值之后，其电阻值将迅速减小，流过的电流急剧增大，它的非线性系数非常大，故而具有较好的非线性伏安特性，因这种特殊的非线性伏安特性，氧化锌电阻片得到了广泛的关注和应用。氧化锌电阻片按主要添加剂的不同，分为以下四个体系：

（1）$ZnO-V_2O_5$ 系陶瓷材料。由于 V_2O_5 的熔点较低，$ZnO-V_2O_5$ 系陶瓷材料是一种低温烧结的压敏陶瓷材料，但是这种体系材料的非线性伏安特性并不优越，且掺杂 Sb_2O_3、Cr_2O_3、$MnCO_3$、Co_3O_4 等添加剂改善其性能后，会导致材料烧结温度变高，使得 $ZnO-V_2O_5$ 系陶瓷材料低温烧结的优势消失。

（2）$ZnO-Pr_6O_{11}$ 系陶瓷材料。镨系氧化锌电阻片具有较好的非线性伏安特性，现已被用来制造过电压保护器。但是 Pr_6O_{11} 原料价格比较高，且镨系氧化锌电阻片的烧结温度较高（大于 1200℃），很难实现大规模的生产和应用。

（3）$ZnO-$玻璃系陶瓷材料。这里的玻璃主要是指硼硅酸铅锌玻璃，该体系材料具有优良的非线性伏安特性和较好的稳定性，且能在较低的温度下烧结，但是其在满足避雷器的应用要求方面，仍然有比较大的差距。

（4）$ZnO-Bi_2O_3$ 系陶瓷材料。该体系材料掺杂成分较多，烧结温度偏高，且 Bi_2O_3 的活性较高，在较高的烧结温度下容易挥发，会导致材料成分的变化。但是该体系材料是氧化锌电阻片材料中研究得最深入、综合性能最优、应用最广泛的材料，多元掺杂的铋系氧化锌电阻片具有漏电流低、非线性伏安特性优良、参考电压能在较大范围内调整、耐浪涌能力强等性能以及成本小、制造方便的特点，在氧化锌电阻片的实际生产应用中占据着主导地位。一般情况下，若无特殊的注明，氧化锌电阻片均是指 $ZnO-Bi_2O_3$ 系电阻片。典型的铋系氧化锌电阻片的微观结构主要包括氧化锌晶粒、晶界层、尖晶石相和气孔四大部分，氧化锌电阻片典型微观结构图如图 5-1 所示。

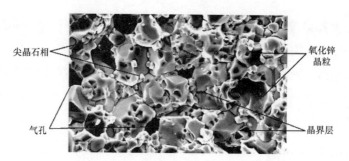

尖晶石相

氧化锌晶粒

气孔

晶界层

图 5-1 氧化锌电阻片典型微观结构图

1）氧化锌晶粒。氧化锌晶体结构属于
纤锌矿层型结构，如图 5-2 所示。其中，
氧原子（如图 5-2 中小圆球所示）作六方
密堆积结构，锌离子（如图 5-2 中大圆球
所示）占据半数的四面体空隙，另一半四
面体空隙及氧原子密堆所形成的八面体空
隙是空的，这种纤锌矿层型结构使氧化锌
电阻片材料中其他金属氧化物易与氧化锌
晶粒形成固溶体。填隙锌离子等本征缺陷
的存在使得氧化锌成为一种具有 n 型电导

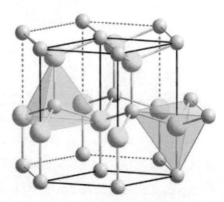

图 5-2 氧化锌晶体结构

的材料，其禁带宽度约为 3.3eV（禁带宽度是指导带底与带顶之间的能量差），
因此在常温和低电场强度下氧化锌晶粒接近于绝缘体。在多元掺杂的氧化锌电
阻片材料的微观结构中，氧化锌晶粒为主晶相，通常占据陶瓷体体积的 90% 以
上。高温处理过程中，氧化锌晶粒固溶掺杂部分金属氧化物材料后，晶格结构
发生畸变，成为电导率高（$0.001 \sim 0.1\Omega \cdot m$）的半导体。氧化锌晶粒的大小由
原材料性质、材料配方及制备工艺决定，对氧化锌电阻片的能量吸收能力、参
考电压和大电流冲击耐受能力等有一定的影响。

2）晶界层。氧化锌电阻片的晶界层较薄，其处于相邻的氧化锌晶粒之间，
由制备氧化锌电阻片过程中所掺杂的金属氧化物添加剂及反应的生成物构成。
在氧化锌电阻片烧结过程中，像 Bi_2O_3 等添加剂会熔融成液相，促进陶瓷的烧结，
并在氧化锌电阻片中起着为其他添加剂溶解及在晶粒、晶界处分布均匀的作用。
在冷却过程中，存在于界面的富 Bi 液相会凝固在晶界界面形成高阻性薄层，同
时溶于其中的 Zn、Co、Mn 等偏析于晶界及晶粒的表面，形成了缺陷浓度较高

的薄层，从而形成晶界势垒，赋予氧化锌电阻片良好的非线性伏安特性。

3）尖晶石相。尖晶石相包括 $Zn_7Sb_2O_{12}$、$ZnCr_2O_4$、$MnCr_2O_4$、$CoCr_2O_4$ 等。尖晶石相是在氧化锌电阻片烧结过程中形成的新物相，它们主要集中在三个或三个以上氧化锌晶粒的交汇处，也有少数镶嵌于氧化锌晶粒内或挤在两个氧化锌晶粒之间。

尖晶石相对氧化锌电阻片的非线性伏安特性不起直接作用，但在高温冷却过程中，它与氧化锌晶粒相及富 Bi 晶界相共存，影响着其他添加剂成分在各物相中的分配，且它存在于晶界中影响着晶界相的迁移，可起到抑制氧化锌晶粒生长的作用，从而影响氧化锌电阻片的性能。

4）气孔。氧化锌电阻片烧结过程中遗留下来的孔隙，分布于氧化锌晶粒和晶界层内。

根据图 5-1 所示的氧化锌电阻片的典型微观结构，采用图 5-3 所示的晶界分区模型，得到如图 5-4 的晶界模型等效电路，其中支路 1 表示氧化锌电阻片晶界中的厚晶间相区部分，Z_{IL} 为厚晶间相区对应的阻抗，Z_{GA1}、Z_{GA2} 为该区域对应的左右两侧 ZnO 晶粒部分的阻抗；支路 2 表示氧化锌电阻片晶界中的双肖特基势垒区部分，Z_{DB} 为双肖特基势垒区对应的非线性阻抗，Z_{GB1}、Z_{GB2} 为该区域对应的左右两侧 ZnO 晶粒部分的阻抗；支路 3 表示氧化锌电阻片晶界中的晶粒直接接触区部分，Z_{GC1}、Z_{GC2} 为晶粒直接接触区对应的左右两侧 ZnO 晶粒部分的阻抗。单个晶界整体的导电特性是上述所有阻抗元件串、并联后的综合效果，晶界阻抗可用式（5-1）表示。

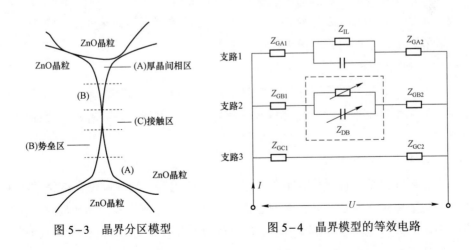

图 5-3　晶界分区模型　　　　图 5-4　晶界模型的等效电路

$$Z = \frac{U}{I} = (Z_{GA1} + Z_{IL} + Z_{GA2}) \,/\, /(Z_{GB1} + Z_{DB} + Z_{GB2}) \,/\, /(Z_{GC1} + Z_{GC2}) \quad （5-1）$$

5.1.2 关键材料配方与制备工艺

对于由多种金属氧化物添加剂掺杂形成的氧化锌电阻片而言，材料配方与制备工艺之间的配合至关重要，配方是基础，工艺是条件。

迄今为止，国内外众多学者已经针对许多金属氧化物添加剂在改善氧化锌电阻片非线性伏安特性、提高耐受电流冲击稳定性、能量吸收能力和长期运行状态下的稳定性等方面开展了大量的研究工作，也获取了多种添加剂的主要作用，如 Bi_2O_3 及 Ca、Sr、Ba 的碳酸盐等主要用来形成氧化锌电阻片结构中的绝缘晶界骨架；Co_2O_3、MnO_2、Cr_2O_3、NiO 等非饱和过渡金属氧化物主要用来改善氧化锌电阻片的非线性伏安特性及稳定性；元素周期表中第ⅢA 族中的 Al、Ge、In 的氧化物，通过降低氧化锌电阻片晶粒的电阻率，进而提升保护水平；Sb_2O_3、SiO_2、MgO 主要用来抑制氧化锌电阻片晶粒的生长、提高稳定性；B_2O_3、Ag_2O 主要用来提高氧化锌电阻片的长期荷电稳定性；Y、Ho、Er、Yb 等稀土氧化物则可以较大程度抑制氧化锌晶粒的生长，提升氧化锌电阻片的电压梯度。国内各主流避雷器厂家均拥有自己的氧化锌电阻片配方，配方中 ZnO 占85%～90%，典型的添加物主要有 Bi_2O_3、Co_3O_4、$MnCO_3$、Sb_2O_3、Cr_2O_3、SiO_2 和含银玻璃粉等，根据制备工艺的不同，各添加物的含量略有不同。

氧化锌电阻片的制备工艺主要包括配料、混料、研磨、造粒、含水、压片、排胶、预烧、涂覆高阻层、烧成、磨片清洗、涂覆侧面釉、热处理、喷铝和出厂试验等环节。下面对各关键工序进行说明。

1. 添加剂配料

按照一定的配方重量比称量添加剂是制备 ZnO 与添加剂混合粉料的第一道工序，如果配料出现差错将会造成氧化锌电阻片的性能变差或者成为废品的严重后果。

2. 添加剂的细化处理

添加剂细化是确保氧化锌电阻片性能好坏的关键。为了确保在烧结过程中添加剂与平均粒度为 0.5μm 左右的 ZnO 均匀反应，必须将各种添加剂原料预先进行细化加工处理，尽可能减小添加剂原料粒度，改善其与 ZnO 混合料的均匀性，这是改善氧化锌电阻片性能的关键环节。因为 ZnO 的粒度仅 0.5μm 左右，而决定氧化锌电阻片性能的添加剂粒度较 ZnO 粗得多,尤其当添加剂煅烧后硬度较大,即使再延长球磨时间也难以达到与 ZnO 相同的粒度。所以,添加剂煅烧料的二次细磨粒度特别重要。

氧化锌电阻片单位厚度的电压主要是由富铋晶界层数决定的,在添加剂含量一定的条件下,添加剂细磨的粒度越细,则与 ZnO 混合就越均匀,烧结体单位厚度的晶界层数就会越多,电压梯度也越高。同时由于添加剂分布均匀,烧结体的微观结构包括 ZnO 晶粒、尖晶石相、晶界层及其厚度等的分布也越均匀,所以氧化锌电阻片的电气性能得以改善。

3. 喷雾干燥

喷雾干燥就是采用喷雾干燥机借助于雾化及热量的作用,使浆料雾滴中的溶液蒸发,获得干燥粉料的方法。喷雾干燥过程是将 ZnO 及添加剂的水基混合浆料经过雾化脱水,使原本分散的粉粒黏结聚合成球状颗粒的过程。这种球状颗粒粉料具有流动充填性好的特点,为压制密度均匀的坯体奠定了基础。

就氧化锌电阻片而言,为了将微米和亚微米级的氧化物粉料制备成成分均匀、平均粒度控制为 90~110μm 的颗粒状粉料,喷雾干燥是最有效的方法。这种粉料颗粒近似于圆球形并具有一定的粒度范围,因为整个雾化干燥过程完全在封闭系统中完成,无外来杂质和粉尘污染,可确保粉料纯净无污染。通常可用孔心度大小来评价颗粒的好坏,孔洞空间占据颗粒总体积的比例越大,则其孔心度越大,反之亦然。孔心度越小,对坯体成型越有利,但要想制得孔心度小、外形规整的圆球状颗粒,必须尽可能减少浆料水分,可以添加适当的聚乙烯醇(PVA),使得在粉料颗粒表面形成 PVA 成分集中的外壳。

4. 含水

含水是指将造粒料增加一定量水分的过程,造粒料含水率的高低及其均匀性直接影响成型坯体的成型密度、粉料分布均匀性、机械强度及最终氧化锌电阻片的性能。

由于经喷雾干燥制得的粉料含水率太低,若直接用于成型会出现以下问题:① 颗粒间的结合强度低,而且成型压力大。当内应力较大的坯体从模具中推出时,会因应力释放时的反弹效应,引起其开裂或层裂,造成废品。② 粉料含水率太低,压型时颗粒间的摩擦阻力大,要使坯体密度达到预定值必须施加更大的压力,这样会导致坯体各部位的密度差更大,对氧化锌电阻片的性能不利。所以,必须给粉料增加适量的水分才能有助于成型。显然,粉料含水量的增加,不仅有助于提高粉粒间的结合性和坯体的机械强度，而且由于水分的湿润及润滑作用使颗粒强度降低，有利于降低坯体成型压力及应力差，因此有助于改善其密度的均匀性，有利于氧化锌电阻片性能的提高。

该工序的主要控制项目：粉料的含水率、存放时间及过筛和装料袋密封情况。含水率通常采用红外水分测定仪测定，其控制指标因粉料的配方不同而不同，一般多为 1.0%～1.5%。含水料的陈腐时间也因其配方不同而异，对于具有较好的润滑性、颗粒强度低的粉料，通常要 10h 后才能用于成型，24h 内应压完。如果陈腐时间过长，成型的坯体就可能出现外表看不到的隐藏空气夹层，影响坯体成型质量。

5. 干压成型

将水分适宜的粉料注入钢模具中，借助液压传动力使上、下冲模相对慢慢移动，经过排气、保压，即可将分散堆积的粉料压制成符合要求的坯体。对于厚度达 25～50mm 以上的坯体来说，必须按多次分段逐步升压、逐步排气及保压的程序压型，才能获得密度相对均匀、无空气夹层或分层缺陷的坯体。

对于颗粒强度适宜的粉料而言，在压制过程中坯体的相对密度随压力增大而逐渐增加的过程可划分为以下几个阶段：在坯体的相对密度达到 2.3g/cm³ 左右之前，所施加的压力很小，主要压缩粉料颗粒间的空隙，除引起粉粒迁移充填空气所占空间外，颗粒外形基本未发生大的变化，因而此时的坯体虽然保持圆柱形状，但其强度很低。而在相对密度由 2.3g/cm³ 左右增加到 2.7g/cm³ 左右的过程中，空气所占空间逐渐被粉料充填，一些大的颗粒受到挤压而变形，此时粉料靠其黏性机械性地黏结在一起，使坯体具有一定强度。在第 3、4 次加压、保压，即相对密度由 2.7g/cm³ 左右增加到 3.2g/cm³ 左右的过程中，颗粒被压碎成接近于原始粉粒状，使结合剂胶体分子与粉粒表面的作用力加强，坯体趋于密实，可压缩空间近于极限，也就是说此时压力已超过颗粒变形极限，在该阶段所增加的压力占总压力的 70%～80%。

就氧化锌电阻片而言，其粉料是以 ZnO 为主成分，与多种无机、有机添加剂经过混合、喷雾干燥形成的二次颗粒粉料。通常希望用于干压成型的粉料应具有以下特性：① 充填性好，球形，流动性好，颗粒大小适宜。② 颗粒大小及其分布适宜，体密度尽可能高。③ 水分适宜。④ 粉料具有良好的润滑性和塑性。⑤ 颗粒具有适宜强度，具有较好的传递压力能力。

为了从本质上提高氧化锌电阻片的性能，须注意以下几点：① 最重要的是添加润滑剂或采用有润滑性的分散剂，改善粉料的润滑性，降低成型压力，以提高坯体的致密性及降低各部分密度差。② 浆料改性，降低颗粒强度。③ 在目前的配方、工艺条件下，适当减少 PVA 量并适当增加粉料的含水率，以降低颗粒强度或提高密度。④ 在浆料制备或粉料含水时，添加适量的甘油，改善润滑性。

6. 排胶

氧化锌电阻片的烧结是继混合浆料的制备、坯体成型后最关键的工序之一。因为烧结是在完成氧化锌电阻片各种原材料成分均匀化、成型坯体密度基本均匀的基础上，经过高温处理，发生一系列复杂的物理、化学反应，是氧化锌电阻片坯体由多种成分粉体结构松散的聚积体转变成烧结的多晶复合致密体的过程，也是最终实现所期望的具有优异的非线性伏安特性及各种特性的过程。也就是说，烧结过程是氧化锌电阻片产生预期特性的工艺过程，所以烧结过程是决定氧化锌电阻片非线性性能优劣的关键。

鉴于氧化锌电阻片尺寸较大和侧面需要涂覆无机或有机高阻层等原因，一般必须先经过低温处理，排除坯体中所含的结合剂等有机物，再经过涂高阻层或将坯体经过 800～900℃预烧后涂高阻层，最后再经过 1150～1250℃高温烧结，即必须经过几个步骤才能完成。

排胶工艺的必要性主要体现在：在 ZnO 与添加物混合浆料制备过程添加的 PVA、分散剂、消泡剂和增塑剂或润滑剂等有机材料，经过喷雾造粒、成型后，其功能已经完成。为了获得烧结致密度高、孔隙率低、微观结构均匀、电气性能优异的氧化锌电阻片，必须将坯体经过低温处理，使这些有机材料充分分解，排出坯体。如果不排出这些有机材料，直接将氧化锌电阻片烧结，就会产生以下两种弊病：① 由于受烧成炉长度的限制，在低温阶段，尤其在 400℃ 以下时升温较快，像 PVA 等这些碳氢化合物因无充分的时间进行分解，会造成碳化。在高温下，这些碳化物将被氧化成气体，使氧化锌电阻片起泡或闭口气孔增多，从而导致氧化锌电阻片的电气性能恶化或引起报废。② 氧化锌电阻片烧成时均是装在密闭的匣钵中的，如果坯体未经过排结合剂工序而直接装入匣钵进行密闭烧成，则在低温阶段排出的大量碳化物不仅会使烧成炉膛内部受到污染，更严重的是由于炉内和匣钵内的氧被消耗，氧含量不充分，氧化锌电阻片在烧结过程中因得不到充分的氧而使其非线性伏安特性变坏，漏电流增大。因此，必须将氧化锌电阻片先经过排结合剂炉进行排胶处理。

排结合剂通常通过低温隧道式电炉来完成，排结合剂炉的升降温速度、最高温度和保温时间的设定，应根据坯体中所含 PVA、分散剂等有机成分的分解温度、氧化锌电阻片坯体的尺寸大小、匣钵内装片码放的疏密程度和炉膛内同一断面的上下温差的大小等因素来考虑。此外，还需考虑匣钵的材质及其结构。实践证明，排结合剂炉在升温区间的升温速度设定是至关重要的，通常需要根据 PVA 的受热稳定性及其分解温度等因素来确定。由于 PVA 在低于 140℃ 以下比较稳定，150℃ 以上才会渐渐变色，220℃ 以上开始分解，250～350℃ 急剧分解。所以，在 150℃ 以前的升温速度可以快一些，一般不超过 65℃/h；在 150～220℃ 温度区间，减缓至 50～40℃/h；在 220～350℃ 温度区间，进一步减缓至 30～35℃/h。排结合剂炉最高温度和保温时间通常在 360～380℃，保温 1.5h 左右，但若氧化锌电阻片的尺寸和每钵装载密度较大，加之炉膛高度较高又采用耐火材质匣钵，造成上下温差较大，因此排结合剂炉最高温度多在 360～450℃，保温时间为 2.5h 左右为宜。冷却速度一般控制在 50～65℃/h，在炉膛出口坯体的温度应低于 100℃。整个周期一般为 15～20h。

7. 烧成

烧结瓷化及冷却过程，就是氧化锌电阻片电气性能形成的过程。通常烧成分为低温升温、高温升温、保温及冷却四个阶段。

（1）低温升温阶段（室温～850℃）。在该阶段，液相开始从粉料中形成，液相的形成温度取决于 ZnO 与 Bi_2O_3 的低共溶系统。决定因素包括材料的化学成分、升温速度等，有少量尖晶石生成。此时坯体已开始大量收缩，孔隙率明显降低。

（2）高温升温阶段（850℃～最高温度）。因为这一阶段是氧化锌电阻片坯体由多孔、疏松的粉料聚集体经过复杂的物理和化学反应转变成结构致密的多晶复合瓷体的阶段。在该阶段随着 Bi_2O_3 的熔融、液相的逐渐增多，各成分之间的固溶、扩散、迁移、化合反应逐渐加剧，ZnO 晶粒长大及其他晶相生成，将伴随有相当于 30%～40% 坯体体积的气体排出，同时坯体的体收缩率急剧增大，其体积密度将由原来的 $3.2g/cm^3$ 左右增加到最大值 $5.5g/cm^3$ 左右。为了避免坯体开裂，特别是确保上述反应按其自身规律正常地完成，使气体顺利地排出，孔隙率尽可能降低，所以应该缓慢升温，一般可按 40～45℃/h 速度升温。

（3）保温阶段。最高温度也应该按前工序添加剂预烧与否的不同情况考虑，因为如果添加剂已经在 850℃ 左右进行了预烧，它已成为多种添加剂的固溶体，在其与 ZnO 的混合料中它起着综合助熔剂的作用，可明显降低氧化锌电阻片烧结温度。实践证明，在配方相同的条件下，添加剂预烧比不预烧的氧化锌电阻片要达到相同的直流 1mA 参考电压，其烧成温度可降低 30～40℃，一般为 1170～1200℃。

（4）冷却阶段。烧成冷却在某种程度上可以说比高温烧成阶段更为重要，因为冷却阶段是影响氧化锌电阻片整体电气性能最关键的阶段，高温烧成及其保温阶段只是完成了瓷化过程中微观结构的形成，但是其非线性性能则是在适宜冷却过程中形成的，如果将烧结好的氧化锌电阻片从炉子中取出急冷，则其就会失去非线性特性。

8. 磨片

因为氧化锌电阻片坯体成型时圆周密度比中心大，所以烧成后形成的端面具有中心凹、圆周凸的抛物线形特征，必须将其打磨平整。另外，在高温烧成过程中，瓷体处于软化状态，加之自身的重量作用使其与垫料接触的端面产生深浅不一的凹陷，也必须将其磨平。磨片的最终目的是确保装配的避雷器各氧化锌电阻片之间能够实现良好的电气接触，使得电流分布均匀。除上述要求外，还要求具有一定的粗糙度及平行度。粗糙度是为了确保喷镀的铝电极层与瓷体表面结合的牢固性，平行度是为了确保装配避雷器时氧化锌电阻片芯体的垂直度。

9. 喷涂铝电极

氧化锌电阻片芯体是靠其端面的电极连接形成导电通路的，由于芯体在避雷器运行过程中会承受很大的电气负荷，所以作为确保其电气导通的电极必须既具有良好的导电性、耐弧性，又具有与瓷体表面很好的结合性。电极与瓷体结合程度的充分与否会直接影响氧化锌电阻片的通流能力，同时喷镀方法和留边情况对于氧化锌电阻片的方波通流能力也有很大的影响。

5.1.3　关键电气性能

氧化锌电阻片性能的好坏直接决定着直流输电线路避雷器性能的优劣，其关键电气性能主要包括非线性伏安特性、老化特性、击穿特性和通流容量等。

1. 非线性伏安特性

氧化锌电阻片是一种具有非线性伏安特性的电阻元器件，当加在氧化锌电阻片上的电压低于它的阈值时，流过的电流极小，此时相当于一个阻值无穷大的电阻或处于断开状态的开关。当加在氧化锌电阻片上的电压超过它的阈值时，流过它的电流激增，它相当于一个阻值非常小的电阻或处于闭合状态的开关。氧化锌电阻片的非线性伏安特性曲线如图 5-5 所示。电压、电流分别采用作用在氧化锌电阻片上的电场强度 E 和通过氧化锌电阻片的电流密度 J 来表示。在氧化锌电阻片的非线性伏安特性曲线的各个区段中，小电流区的特性决定着外加稳态电压时的工作电压功耗，击穿区的特性决定着施加浪涌时的限制电压水平，大电流区的特性代表着抑制电流冲击（如直击雷电流）的极限能力。

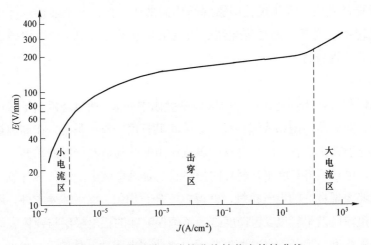

图 5-5　氧化锌电阻片的非线性伏安特性曲线

（1）小电流区（低电场区）：电流密度小于 $10^{-6}A/cm^2$，外施电压在击穿电压以下，其伏安特性几乎呈线性特性，此时电阻较高。

（2）击穿区（中电场区）：击穿区是核心，在该区段外施电压微小增加，电流可以有 5~6 个数量级的增加，电流密度为 10^{-6}~$10^2A/cm^2$，其伏安特性呈强非线性特性，此时电阻较小。

（3）大电流区（高电场区）：电流密度 $10^2A/cm^2$ 以上，其伏安特性呈弱非线性特性或线性特性，此时电阻较小。

非线性系数 α 是氧化锌电阻片非线性伏安特性最重要的技术参数，它是击穿区伏安特性曲线斜率的倒数，与电流 I 和电压 U 有关。

$$\alpha = \frac{d\ln I}{d\ln U} \qquad (5-2)$$

α 值越大，氧化锌电阻片的非线性伏安特性越好，限制过电压的能力越强，保护水平就越好。

2. 老化特性

氧化锌电阻片的老化是指其在各种外加电应力及外界因素作用下，其电气性能及物理参数发生改变，逐渐偏离其起始性能指标的现象。按外加电应力形式的不同，可以将老化现象大致分为交流老化、直流老化和冲击老化。其中交流老化和直流老化是氧化锌电阻片长期承受工作电压作用而导致的老化，冲击老化则是由于承受间歇性的短时脉冲电流作用而产生的老化，主要包括雷电冲击和操作冲击，由于线路避雷器的设计初衷为只用于限制线路雷电过电压，因此对于线路避雷器而言，操作冲击老化可不予以考虑。

氧化锌电阻片的老化主要体现为电气性能指标的劣化，不同电压作用下的老化现象均会表现出击穿电压的降低、漏电流的增大等现象，严重时会发生击穿现象。老化后氧化锌电阻片的阻性电流、功率损耗和介电损耗系数等参数均较老化前会有明显的增加。然而，不同电压作用下的老化过程也会出现许多独特的现象，如在直流电压作用下，老化后氧化锌电阻片的正、反向伏安特性曲线发生不对称漂移，正向直流参考电压增大，反向直流参考电压降低，而正、反向雷电冲击残压均会增大。

下面以 D99 规格的交流氧化锌电阻片为例，分别对其在荷电率 90% 下开展交、直流老化性能试验测试，试验温度均为 115℃，测试时间为 200h，测得的氧化锌电阻片功率损耗记为 P，做氧化锌电阻片的 P/P_{2h} 与时间 t 的关系曲线，典型交流氧化锌电阻片的直流、交流老化功率损耗曲线分别如图 5-6 和图 5-7 所示。由图 5-6 可知，交流氧化锌电阻片在直流电压下的功率损耗随时间而增大，200h 后，功率损耗较初始功率损耗增长 15% 以上，同时具有继续上升的趋势；而由图 5-7 可知，其在交流电压下的功率损耗则随时间而降低，200h 后，功率损耗降低至初始功率损耗的 82% 左右，同时具有保持稳定或继续下降的趋势。上述试验结果表明，交流氧化锌电阻片在直流电压下将会很快出现热崩溃。虽然直流输电线路避雷器通常采用带串联间隙结构型式，大部分系统电压由串联间隙承担，但考虑到在串联间隙故障、击穿等时，氧化锌电阻片仍需承受短时的直流系统运行电压，此时可能会存在直流老化问题，因此针对直流输电线路避雷器需要研发直流氧化锌电阻片，以提高避雷器的运行可靠性。随着对氧化锌电阻片配方、工艺与性能的探索，我国已经开发出适用于直流输电线路避雷器的氧化锌电阻片，下面以国内应用较为广泛的 D78 规格直流氧化锌电阻片为例，介绍其在直流电压作用下的老化情况，试验温度为 115℃，荷电率为 90%，测得的氧化锌电阻片功率损耗记为 P，累计测试 200h，做氧化锌电阻片的 P/P_{2h} 与时间 t 的关系曲线，典型直流氧化锌电阻片的直流老化功率损耗曲线如图 5–8 所示，测得氧化锌电阻片的终止功率损耗为起始功率损耗的 64% 左右，同时具有保持稳定或继续下降的趋势。

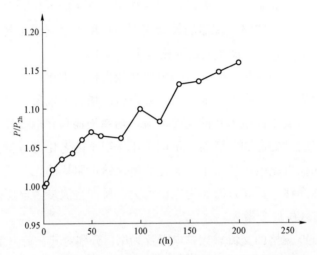

图 5–6　典型交流氧化锌电阻片的直流老化功率损耗曲线

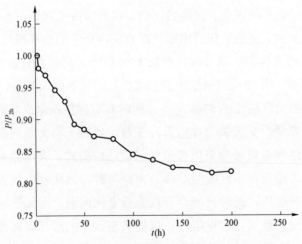

图 5–7　典型交流氧化锌电阻片的交流老化功率损耗曲线

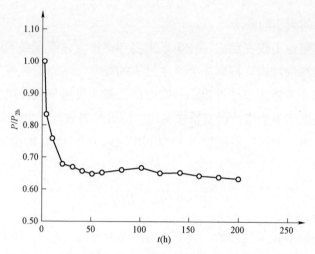

图 5-8　典型直流氧化锌电阻片的直流老化功率损耗曲线

冲击老化不仅会导致氧化锌电阻片非线性伏安特性的降低，而且在承受负极性冲击电流作用后，氧化锌电阻片阻性电流的正峰值略高于负峰值。冲击老化所带来的破坏性最大，常会发生穿孔和开裂等破坏性现象，进而使氧化锌电阻片完全失效。

3. 击穿特性

氧化锌电阻片是以其从线性伏安特性向非线性伏安特性转变的电压为标志特征的，其非线性区（击穿区）开始点在伏安特性曲线的拐点附近，此时的电压称之为击穿电压，通常将该电压定义为氧化锌电阻片的直流参考电压。对于大多数氧化锌电阻片而言，由于伏安特性曲线的转变点清晰度不是很明确，所以该电压的确切位置难以确定。同时它与氧化锌电阻片的几何尺寸有密切关系，通常把直流 1mA 下测得的电压作为直流参考电压，参考电流值的典型范围为每平方厘米氧化锌电阻片 0.05～1.0mA。

4. 通流容量

氧化锌电阻片的主要功能是在泄放浪涌冲击过程中，将电压限制到对被保护电气设备无害的安全范围内。氧化锌电阻片本身也会受到各种浪涌冲击作用，这些冲击的幅值和持续时间是各不相同的。此外，这种浪涌冲击也可能以重复波的形式出现，如频率为 50Hz，通常称为短时过电压。这些浪涌冲击相互之间的差别之一就是持续时间，它可以从微秒级变化到毫秒级。雷电浪涌冲击的波形为 8/20μs（远区）和 4/10μs（近区），而操作浪涌的波形是 30/60μs，方波浪涌波形的持续时间为2000μs。

氧化锌电阻片不仅在稳态工作电压下应当热稳定，而且必须吸收不同持续时间的各种浪涌的冲击，同时不会产生过大的温升，从而避免发生热崩溃。因此，通常以每立方厘米氧化锌电阻片吸收的能量来度量氧化锌电阻片的能量吸收能力，这是仅次于非线性伏安特性氧化锌电阻片的另外一个重要性能。

氧化锌电阻片所吸收的能量 W 可以利用电流 I、电压 U 的幅值和持续时间 t 推算出来，即

$$W = \int_0^t UI\mathrm{d}t = CUIt \qquad (5-3)$$

式中：C 为与波形相关的常数。最简单的波形为方波，这时 $C=1$，单位体积吸收的能量 E 可以用焦耳每立方厘米度量，可以表示成 $E=W/V$，V 是氧化锌电阻片的体积。具有高能量耐受密度的氧化锌电阻片的优点就在于随着能量密度的增大，避雷器的体积可大大减小。

试验证明，氧化锌电阻片在承受电力系统中各种内、外部过电压浪涌冲击时，所注入的能量因浪涌冲击的波形、幅值和持续时间不同而有很大差别，因而其伏安特性的蜕变程度也不相同。一般来说，冲击电流密度越大、冲击时间间隔越短、冲击次数越多，其蜕变程度就越大；反之亦然。而且伏安特性的蜕变主要表现在小电流区。在不同冲击波形（如陡波 1/5μs、大电流 4/10μs、雷电 8/20μs、操作波 30/60μs 等）中，高幅值冲击电流对氧化锌电阻片引起的蜕变最大。另外，蜕变程度也与冲击电流的极性有关，通常负极性冲击电流比正极性冲击电流引起的蜕变大。

氧化锌电阻片伏安特性的蜕变程度不仅与冲击电流密度、冲击时间间隔、冲击次数有关，而且与冲击电流在氧化锌电阻片内部引起的热过程有关。不同配方、工艺制作的氧化锌电阻片，其耐受电流冲击的能力亦不同，这与其材料内在的微观结构及其均匀性有密切关系。

5.2　直流输电线路避雷器的性能参数

1. 标称放电电流

直流输电线路避雷器的标称放电电流 I_n 是具有 8/20 波形的雷电冲击电流峰值，用来划分直流输电线路避雷器等级。它关系到直流输电线路避雷器耐受冲

击电流的能力和保护特性，一般根据直流输电线路参数和安装点的雷电活动情况及可接受风险，计算通过线路避雷器的雷电冲击放电电流的幅值，来选择合适的标称放电电流等级。直流输电线路避雷器的典型标称放电电流值见表 5-1。

表 5-1　　　　　　直流输电线路避雷器的典型标称放电电流值

系统额定电压（kV）	避雷器标称放电电流（峰值）（kA）
±400	20
±500	20
±660	30
±800	30
±1100	30

2. 额定电压

直流输电线路避雷器额定电压是施加到线路避雷器端子间的最大允许直流电压，应不低于系统最高运行电压，并能在此电压下可靠遮断直流续流，通常按在系统最高运行电压基础上取 10%～20% 的裕度来确定。而对于交流输电线路避雷器额定电压的选取而言，要求能够可靠熄灭工频续流电弧并能够耐受住续流期间的工频电压，还应考虑避雷器的保护水平和过电压冲击下通流能力的要求。直流输电线路避雷器额定电压推荐值见表 5-2。

表 5-2　　　　　　直流输电线路避雷器额定电压推荐值　　　　　　　　　　kV

系统额定电压	系统最高运行电压	避雷器额定电压
±400	±412	480
±500	±515	571
±660	±680	800
±800	±816	960
±1100	±1122	1320

3. 直流参考电压

避雷器直流参考电压又称转折电压（或临界动作电压），其大致位于氧化锌电阻片伏安特性曲线由小电流区进入击穿区的转折处，即从这点开始，电流将随电压迅速增加。直流参考电压是在直流参考电流下测出的直流输电线路避雷器本体上的电压，直流参考电流与线路避雷器用氧化锌电阻片的特性、直径等因素有关，为了便于比较，推荐直流参考电流取 1mA。

线路避雷器直流参考电压的选取原则：能够可靠熄灭续流电弧并能够耐受续流期间的直流电压。线路避雷器的续流遮断能力主要受外部污秽电流和内部漏电流两个方面的影响，最高运行电压下通过线路避雷器本体内部的漏电流不超过 1mA 时，基本不会影响线路避雷器的续流遮断能力。因此，推荐线路避雷器本体的直流参考电压不低于安装点最高运行电压。另外，直流参考电压的选取还应考虑保护水平和在过电压下能量吸收能力的要求。直流输电线路避雷器本体直流参考电压推荐值见表 5-3。

表 5-3　　　　　　　　直流输电线路避雷器本体直流参考电压推荐值　　　　　　　　kV

系统额定电压	避雷器本体直流参考电压
±400	≥480
±500	≥571
±660	≥800
±800	≥960
±1100	≥1320

4. 雷电冲击残压

直流输电线路避雷器以限制雷电过电压为目的，避雷器的雷电冲击电流下残压是决定避雷器保护水平的重要因素。残压的选择原则：① 满足绝缘配合的要求，不高于线路避雷器的雷电冲击放电电压。② 符合实际制造水平。实际上由于避雷器的外串联间隙放电时，间隙弧道电阻上具有一定的压降，雷电冲击动作时整支线路避雷器两端的电压会略大于线路避雷器本体的残压，但弧道压降相对于线路避雷器本体的残压较小，对绝缘配合影响不大，因此工程上习惯把整支带间隙线路避雷器的残压等同于本体残压。残压可以按以下两种方法给出推荐值：① 按 2 倍的避雷器本体直流参考电压给出推荐值。② 按对被保护的线路绝缘子串或塔头空气间隙具有 1.25 倍的保护裕度给出推荐值。同时只要满足绝缘配合要求，避雷器残压值也可以不同于推荐值，这里给出的避雷器雷电冲击残压推荐值见表 5-4。

表5-4	直流输电线路避雷器雷电冲击残压推荐值	kV

系统额定电压	标称放电电流下残压
±400	≤960
±500	≤1200
±660	≤1583
±800	≤1900
±1100	≤2450

5. 大电流冲击耐受能力

在接近直流输电线路避雷器安装地点处遭受直接雷击或发生反击时，通过避雷器的雷电流将较大。氧化锌电阻片在这种大电流的冲击下，不应有击穿或闪络等破坏。一般要求直流输电线路避雷器用氧化锌电阻片应能够耐受3次大电流冲击的放电动作，电流幅值不小于100kA。

6. 耐受电压性能

线路避雷器应能耐受规定的直流电压和操作过电压，其数值与线路绝缘水平相配合，以保证避雷器在直流及操作过电压下不放电。直流电压耐受性能与操作冲击电压耐受性能共同确定线路避雷器串联间隙的最小距离，直流耐受电压值应不低于线路最高运行电压，操作冲击耐受电压值应不低于系统最高操作过电压。另外，本体故障后的避雷器也应能耐受规定的直流电压和操作过电压，以确保避雷器在本体发生故障短路时，避雷器还具有足够耐受直流电压和操作过电压的能力。直流输电线路避雷器正极性直流湿耐受电压和正极性操作冲击耐受电压推荐值见表5-5。

表5-5	直流输电线路避雷器正极性直流湿耐受电压和 正极性操作冲击耐受电压推荐值	kV

系统额定电压	额定短时1min正极性直流湿耐受电压	正极性操作冲击耐受电压（峰值）
±400	480	700
±500	600	876
±660	750	1156
±800	900	1387
±1100	1320	1795

7. 雷电冲击放电电压性能

直流输电线路避雷器在规定的雷电过电压下应可靠动作。雷电冲击放电电压性能用于确定线路避雷器串联间隙的最大距离，其值主要依据线路绝缘水平（绝缘子串或塔头空气间隙）确定。通常线路避雷器雷电冲击 50% 放电电压应不高于线路绝缘水平雷电冲击 50% 放电电压的 82%。如有必要，线路避雷器雷电冲击 50% 放电电压也可取不高于线路绝缘水平雷电冲击 50% 放电电压的 75%。

　　线路避雷器雷电冲击放电电压特性由避雷器本体和空气串联间隙的雷电冲击放电电压特性组合而成，对于高海拔地区，避雷器本体的电气性能不受海拔的影响，而空气串联间隙放电性能则随海拔不同需要进行修正。由于避雷器本体和串联间隙的放电电压没有固定的比例关系，目前尚无合适的海拔修正方法对整支线路避雷器的雷电冲击放电电压性能进行修正，原则上应对避雷器本体和串联间隙整体进行高海拔试验研究，以确定雷电保护的有效性，并确认能够满足直流耐受电压和操作冲击耐受电压的要求。直流输电线路避雷器正极性雷电冲击 50% 放电电压推荐值见表 5-6。

表 5-6　　　　直流输电线路避雷器正极性雷电冲击 50% 放电电压推荐值　　　　　kV

系统额定电压	正极性雷电冲击 50% 放电电压（峰值）
±400	≤2100
±500	≤1900
±660	≤2500
±800	≤2700
±1100	≤3300

　　8. 机械性能

　　（1）抗弯性能。直流输电线路避雷器一般采用固定安装方式，低压端固定在导线上方的横担上（悬挂式安装）或导线下方的专用安装支架上（支柱式安装），运行中会因风荷载、自重等因素承受弯曲负荷。避雷器本体应具备一定的弯曲性能，规定长期负荷和规定短时负荷通常根据避雷器具体安装方式，并考虑风压力、自重等因素来确定。

　　（2）抗拉性能。直流输电线路避雷器采用悬挂式安装方式时，线路避雷器本体会承受拉伸负荷，避雷器本体应具备一定的拉伸性能，额定拉伸负荷至少为线路避雷器自重的 15 倍。

　　（3）振动性能。直流输电线路避雷器在运行中可能会承受微风等负载引起的振动负荷，避雷器本体应具备一定的振动性能。振动负荷取避雷器本体自由端加速度 1g，振动频率为避雷器自振频率，振动次数为 1 000 000 次，试验前后避雷器本体的直流参考电压变化应不大于 5%，局部放电量应不大于 10pC，内部的氧化锌电阻片应无破损和明显移位现象。

9. 密封性能

密封性能是避雷器的生命线，密封性能的优劣直接决定了避雷器在电力系统中的运行可靠性。在避雷器的运行事故中，绝大多数事故是由密封不良造成的。解决密封问题是避雷器制造、运维部门的一个老大难问题，如何加强避雷器的密封性能，除了优化产品密封结构设计及实施工艺，有效的检漏方法也是必不可少的，一般可采用氦质谱检漏仪检漏法、热水浸泡法、抽气浸泡法等方法对避雷器密封性能进行考核。

（1）当采用氦质谱检漏仪检漏法时，避雷器的最大密封泄漏率应低于 6.65×10^{-5} Pa·L/s。

（2）当采用热水浸泡法时，避雷器在浸泡 30min 内，应无连续性气泡溢出（如开始有少量断续气泡溢出，但随后不再有气泡溢出，仍视为密封性能合格），如不能明确判断是否有连续气泡溢出，则要求试验前后避雷器的直流参考电压变化应不大于 5%，0.75 倍直流参考电压下的漏电流变化应不大于 20μA。

（3）当采用抽气浸泡法时，避雷器在浸泡保压 3min 内，应无连续性气泡溢出（如开始有少量断续气泡溢出，但随后不再有气泡溢出，仍视为密封性能合格），如不能明确判断是否有连续气泡溢出，则要求试验前后避雷器的直流参考电压变化应不大于 5%，0.75 倍直流参考电压下的漏电流变化应不大于 20μA。

10. 短路电流性能

避雷器是保护输变电电气设备免受过电压损坏的重要设备，其故障率很低。从逻辑上说，由于设备的缺陷、寿命以及系统不可预见的状况，任何电气设备在运行中都有损坏的可能性。但非常重要的是，避雷器在发生故障时，应不造成其他设备的损坏或影响人身安全。短路电流性能是一项评价避雷器设备爆炸造成危害的重要性能，具备优异短路电流性能的避雷器在内部有故障时不会产生强烈的爆炸，不会伤及其他的设备及工作人员。如果避雷器在故障时压力释放装置不能有效动作，会发生强烈的爆炸，产生的破碎金具、氧化锌电阻片非常坚硬和锋利，犹如钢片一般，并可能爆破到几十米以外，威力和炸弹相似，轻则损坏其他设备，重则危及人身安全。因此，短路电流性能是保证电力系统中其他设备安全以及人身安全的一项非常重要的性能。另外，考虑到线路避雷器通常在户外山区使用，为避免避雷器爆炸发生明火，持续燃烧引起山火危害，要求在避雷器内部故障时，通过避雷器的故障电流应不致引起避雷器外套粉碎性爆炸，且如果产生明火，则应在 2min 内自熄灭。

直流输电线路避雷器所能耐受的短路电流应大于避雷器安装处的最大短路电流，并按此选定避雷器耐受短路电流的等级。在选择耐受短路电流等级时，可参考安装处 10 年内系统发展可能达到的最大短路电流。考虑到避雷器在运行中可能遇到的不同系统短路电流工况，要求避雷器在额定短路电流和小短路电流下的压力释放装置均能可靠动作，通常避雷器的短路电流值可取为额定短路电流 50kA、小电流短路电流（800±200）A。

11. 爬电距离

直流输电线路避雷器的续流遮断能力主要由续流期间的直流电流幅值和间隙结构决定，其中直流电流包括线路避雷器本体的内部电流和外套表面的污秽电流，间隙结构包括间隙距离和间隙形状。爬电距离越大，外套表面的污秽电流越小，越有利于遮断直流续流。对于纯空气间隙的直流输电线路避雷器，线路避雷器本体的爬电比距一般应不低于 25mm/kV，如果实际试品通过了续流遮断试验，则不对爬电距离做具体要求。而对于纯空气间隙的交流输电线路避雷器而言，要求线路避雷器本体的爬电比距一般应不低于 17mm/kV，如果实际试品通过了续流遮断试验，则不对爬电距离做具体要求。

12. 复合外套绝缘耐受性能

为防止避雷器本体残压过高造成避雷器本体复合外套发生绝缘闪络，引起避雷器整体失效，一般要求直流输电线路避雷器本体外套的雷电冲击耐受电压应不低于 1.4 倍雷电冲击保护水平，直流耐受电压应不低于系统最高运行电压的 1.2 倍。直流输电线路避雷器本体复合外套绝缘耐受电压推荐值见表 5-7。

表 5-7　　　　直流输电线路避雷器本体复合外套绝缘耐受电压推荐值　　　　kV

系统额定电压	额定雷电冲击耐受电压（峰值）	正极性直流耐受电压
±400	1344	494
±500	1680	618
±660	2220	816
±800	2660	979
±1100	3430	1346

13. 局部放电

局部放电对避雷器的损坏要经过长期、缓慢的发展过程才能显现，通常情况下局部放电是不会造成绝缘体穿透性击穿的，但是却有可能使电介质的局部发生损坏。如果局部放电存在的时间过长，在特定的情况下就会导致避雷器内部绝缘材料的电气强度下降，对于避雷器来讲是一种隐患。要有效降低避雷器在运行中的局部放电量，改善避雷器内部的电场分布，对其内部结构进行优化是重要的方法。

正常情况时，避雷器内部氧化锌电阻片与复合外套之间的径向电位差较小。当复合外套受到污秽及潮气作用时，内部氧化锌电阻片与复合外套间则会存在较大的径向电位差，该电位差接近避雷器的工作电压。当电位差较大时，可能发生径向的局部放电，产生脉冲电流，如果电流很大，会使氧化锌电阻片在电流聚集的地方温升过高被烧熔，损坏氧化锌电阻片，导致整个避雷器损坏。这种情况对避雷器危害很大，须及时处理，以保证避雷器的安全运行。一般要求直流输电线路避雷器本体的局部放电量应不超过 10pC。

14. 直流输电线路避雷器性能参数的选用程序

（1）确定避雷器的运行条件。按照使用地区的气温、海拔、风速、污秽和地震等环境条件，明确线路避雷器的运行条件。

（2）选择避雷器的额定电压。确认避雷器安装点的最高运行电压幅值，选择合适的避雷器额定电压。

（3）确定避雷器的雷电冲击 50% 放电电压和本体的雷电冲击保护水平。根据避雷器安装点线路的绝缘水平，确定线路避雷器的雷电冲击 50%放电电压和本体的雷电冲击保护水平，同时应确保线路避雷器的伏秒特性与线路绝缘的伏秒特性能够合理配合。

（4）确定避雷器的直流和操作冲击耐受电压。根据避雷器安装点的最高运行电压幅值及操作过电压幅值，确定线路避雷器的直流和操作冲击耐受电压值。

（5）选择避雷器的标称放电电流等级。根据输电线路参数和避雷器安装点的雷电活动情况及可接受的风险，计算通过线路避雷器的雷电冲击放电电流的幅值，选择合适的标称放电电流等级。

（6）确定避雷器的冲击电流幅值及能量吸收能力。计算分析雷电冲击电流和能量，确定线路避雷器的冲击试验电流幅值及能量吸收能力。

（7）选择避雷器的额定短路电流。按照避雷器安装处的系统最大短路电流水平，选择线路避雷器的额定短路电流值。

（8）选择避雷器的爬电距离。按照避雷器安装处的污秽和海拔情况，选择线路避雷器本体复合外套的爬电距离。

（9）考虑避雷器外绝缘、放电特性与海拔的关系。在外绝缘选择中，应考虑外绝缘与海拔的关系，如果应用于高海拔地区，还应考虑海拔对线路避雷器放电特性的影响。

根据以上直流输电线路避雷器关键性能参数的设计原则，给出了±400～±1100kV 直流输电线路避雷器的电气性能参数推荐值（见表 5-8）。

表 5-8　　　　　　　±400～±1100kV 直流输电线路避雷器的
电气性能参数推荐值

<table>
<tr><td colspan="2">项别</td><td>单位</td><td colspan="5">避雷器主要参数</td></tr>
<tr><td colspan="2">系统标称电压</td><td>kV</td><td>±400</td><td>±500</td><td>±660</td><td>±800</td><td>±1100</td></tr>
<tr><td colspan="2">系统最高运行电压</td><td>kV</td><td>±412</td><td>±515</td><td>±680</td><td>±816</td><td>±1122</td></tr>
<tr><td colspan="2">避雷器标称放电电流</td><td>kA，峰值</td><td colspan="3">20</td><td colspan="2">30</td></tr>
<tr><td colspan="2">避雷器额定电压（直流电压）</td><td>kV</td><td>480</td><td>571</td><td>800</td><td>960</td><td>1320</td></tr>
<tr><td rowspan="14" style="writing-mode:vertical">避雷器本体</td><td>直流参考电压</td><td>kV</td><td>≥480</td><td>≥571</td><td>≥800</td><td>≥960</td><td>≥1320</td></tr>
<tr><td>0.75 倍直流参考电压下漏电流</td><td>μA</td><td colspan="5">≤50</td></tr>
<tr><td>雷电冲击残压</td><td>kV，峰值</td><td>≤960</td><td>≤1200</td><td>≤1583</td><td>≤1900</td><td>≤2450</td></tr>
<tr><td>2ms 方波冲击耐受电流</td><td>A，峰值</td><td colspan="3">1200</td><td colspan="2">2000</td></tr>
<tr><td>大电流冲击耐受电流</td><td>kA，峰值</td><td colspan="5">100</td></tr>
<tr><td>爬电比距*</td><td>mm/kV</td><td colspan="5">≥25</td></tr>
<tr><td rowspan="2">复合外套的绝缘耐受性能</td><td>额定雷电冲击耐受电压*</td><td>kV，峰值</td><td>1344</td><td>1680</td><td>2220</td><td>2660</td><td>3430</td></tr>
<tr><td>额定短时 1min 正极性直流耐受电压*</td><td>kV</td><td>494</td><td>618</td><td>816</td><td>979</td><td>1346</td></tr>
<tr><td rowspan="2">短路电流耐受能力</td><td>额定短路电流</td><td>kA，有效值</td><td colspan="5">50</td></tr>
<tr><td>小电流短路电流</td><td>A，有效值</td><td colspan="5">800±200</td></tr>
<tr><td colspan="2">正极性雷电冲击 50%放电电压*</td><td>kV，峰值</td><td>≤2100</td><td>≤1900</td><td>≤2500</td><td>≤2700</td><td>≤3300</td></tr>
<tr><td colspan="2">额定短时 1min 正极性直流湿耐受电压*</td><td>kV</td><td>480</td><td>600</td><td>750</td><td>900</td><td>1320</td></tr>
<tr><td colspan="2">额定短时 1min 正极性直流湿耐受电压（本体故障）*</td><td>kV</td><td>480</td><td>600</td><td>750</td><td>816</td><td>1190</td></tr>
</table>

* 相关技术参数为避雷器在 1000m 海拔条件下的数据，若避雷器应用于更高海拔地区，则需要在相应海拔条件下开展试验，或在 1000m 海拔条件下开展试验，但具体参数值需要进行海拔校核。

5.3 直流输电线路避雷器的结构组成

5.3.1 整体结构

　　线路避雷器通常由避雷器本体和外串联间隙两部分组成。避雷器本体为包含在一个外套内的非线性金属氧化物电阻片部分，其必须和一个外串联间隙连接，从而构成一个完整的避雷器。外串联间隙分为带支撑件间隙和不带支撑件间隙（不带支撑件间隙也称纯空气间隙），带支撑件间隙由两个分别固定在复合绝缘支撑件两端的电极组成，纯空气间隙由两个电极组成，通常一个电极固定在避雷器本体的高压端，另一个电极固定在输电线路导线上或绝缘子串的高压端。与外串联间隙对应，避雷器分为带支撑件间隙避雷器和纯空气间隙避雷器。图 5-9 给出了两种典型间隙结构的避雷器示意图。

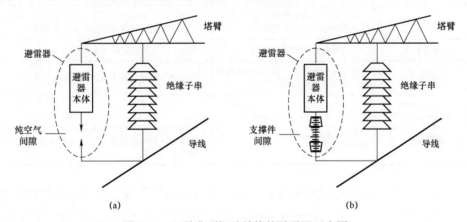

图 5-9　两种典型间隙结构的避雷器示意图
（a）纯空气间隙；（b）带支撑件间隙

　　带支撑件间隙避雷器是将避雷器本体和外串联间隙做成一个整体，即在避雷器本体下方安装一段棒形悬式复合绝缘子，在复合绝缘子的两端安装电极。这种结构的优点是间隙距离基本上不受外界条件（如风偏）的影响，基本保持不变。然而，复合绝缘子的沿面闪络电压必须在任何时候都高于两金属电极间的空气放电电压，但由于复合绝缘子长期承受电压负荷、机械应力及污秽等因素的联合影响，同时复合绝缘子也存在自身老化问题，这有可能使复合绝缘子的沿面闪络电压低于两金属电极间的空气放电电压，从而使串联间隙失去作用，并导致避雷器在操作过电压下频繁动作。若复合绝缘子老化过于严重，则可能发生脆断事故，将给输电线路的稳定运行带来极大威胁。另外，对于带支撑件间隙避雷器，其复合绝缘子承担大部分持续运行电压，由于该复合绝缘子比线路绝缘子串尺寸小得多，因此电压负荷更重、老化威胁更大，存在较高风险事故率；同时，复合绝缘子表面污秽对间隙放电电压影响较大，因此支撑件间隙放电分散性较大。而纯空气间隙避雷器则不必担忧空气间隙发生故障，且其放电分散性较小，耐污性能好，但是纯空气间隙避雷器安装时需要专门设计安装支架，有时不便于现场安装和调节空气间隙距离。纯空气间隙避雷器和带支撑件间隙避雷器的技术性能比较见表 5—9。

表 5—9 纯空气间隙避雷器和带支撑件间隙避雷器技术性能比较

类别	纯空气间隙避雷器	带支撑件间隙避雷器
间隙结构	环—环纯空气间隙	复合绝缘子支撑环—环间隙
安装要求	必须保证避雷器垂直于导线，同时要调整间隙距离满足要求	安装灵活，避雷器不用垂直于导线，间隙距离已经靠支撑复合绝缘子固定，无须再调整
整体长度	与线路绝缘子串尺寸相当	稍长，大于线路绝缘子串尺寸
间隙稳定性	能保持间隙距离不变，不受风摆影响，放电分散性较小	由于复合绝缘子的支撑，间隙距离稳定
放电分散性	正、负极性偏差±（5%～12%）	正、负极性偏差±（10%～18%）
耐污秽性能	纯空气间隙，耐污秽性能较好，对放电电压影响小	对放电电压影响较大，支撑复合绝缘子污秽漏电流变化，影响避雷器本体的电压分布，同时对间隙电场有影响

对于带支撑件间隙线路避雷器，由于在直流电压下复合绝缘子支撑件的老化性能、爬电距离选择、对续流遮断能力的影响等方面的研究尚待进一步深入，也缺少运行经验，目前直流输电线路避雷器极少选用带支撑件间隙的结构型式。另外，根据避雷器的电气性能和机械性能的要求，考虑避雷器的安装、运输及试验等诸多因素，通常直流输电线路避雷器采用复合外套带串联空气间隙结构，避雷器本体由多个本体元件组成，某电压等级直流输电线路避雷器典型外形图如图 5—10 所示。

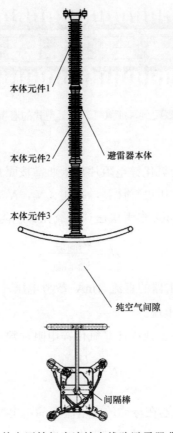

图 5-10 某电压等级直流输电线路避雷器典型外形图

5.3.2 避雷器本体结构

直流输电线路避雷器本体和交流输电线路避雷器本体结构型式一致，均由多
节本体元件组成，主要包括法兰、芯组（由氧化锌电阻片堆叠构成）、连接金具、
绝缘筒、复合外套、弹簧、密封圈等，避雷器本体元件内部采用硅橡胶进行密封，
如图 5-11 所示，或采用灌注干燥空气（或氮气）进行密封，如图 5-12 所示。

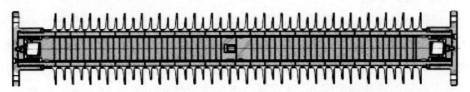

图 5-11 硅橡胶密封型式的避雷器本体元件示意图

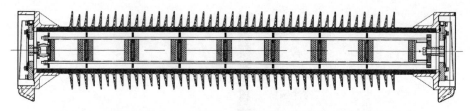

图 5-12 灌注干燥空气(或氮气)密封型式的避雷器本体元件示意图

1. 芯组结构

避雷器本体元件中的氧化锌电阻片数量通常按照直流 1mA 参考电压和标称放电电流下的雷电冲击残压进行计算,并在(N_1,N_2)范围内取值。

按避雷器本体直流 1mA 参考电压计算氧化锌电阻片数量 N_1

$$N_1 = \frac{U_{total,1mA}}{U_{ave,1mA}} \qquad (5-4)$$

式中:$U_{total,1mA}$ 为整支避雷器的直流 1mA 参考电压;$U_{ave,1mA}$ 为单个氧化锌电阻片的平均直流 1mA 参考电压。

按避雷器本体雷电冲击残压计算氧化锌电阻片数量 N_2

$$N_2 = \frac{U_{total,I_n}}{U_{ave,I_n}} \qquad (5-5)$$

式中:U_{total,I_n} 为整支避雷器在标称放电电流下的雷电冲击残压;U_{ave,I_n} 为单个氧化锌电阻片在标称放电电流下的平均雷电冲击残压。

2. 复合外套

避雷器复合外套采用整体一次注射成型工艺制造,通过对工艺参数、模具设计及界面偶联剂的研究,保证了良好的密封性能和界面性能。复合外套材料采用高温(或中温)硫化硅橡胶,硅橡胶材料具有优异的性能指标,通常体积电阻率不小于 $10^{12}\Omega \cdot m$,击穿场强不小于 25kV/mm,介质损耗正切值不大于 0.5%,耐漏电起痕及耐电蚀损性能达到 TMA4.5 级,通过 FV0 级阻燃试验,憎水性等级达到 HC1。

避雷器复合外套伞形通常按照 GB/T 26218.4—2019《污秽条件下使用的高压绝缘子的选择和尺寸确定 第 4 部分:直流系统用绝缘子》设计为大小伞结构,应具有良好的耐污、自洁等特性。某电压等级直流输电线路避雷器的复合外套伞形局部设计图如图 5-13 所示。其中大伞伸出距离为 54.5mm,小伞伸出距离为 39.4mm,伞间距为 58mm,大、小伞倾角为 5°。

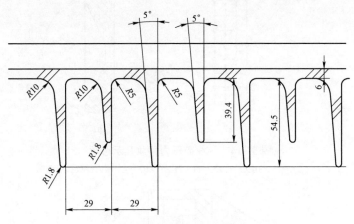

图 5-13 复合外套伞形局部设计图

3. 密封结构

避雷器如果密封方面存在缺陷以及内部空腔的"呼吸"作用，芯体可能受潮而产生故障。因此，采用填充双组分室温硫化硅橡胶或者干燥空气（或氮气）的方法来密封内部空腔，就会形成一个可以消除内部受潮的全密封绝缘结构。但是采用这种密封结构必须消除避雷器本体内部气隙，这是因为高压电气设备的绝缘内部如果存在气隙，在电场作用下会产生局部放电，引起绝缘的早期破坏，降低使用寿命。

4. 压力释放结构

考虑到避雷器结构尺寸及短路电流下的气流冲击力等因素，对于采用灌注硅橡胶方式实现密封的直流输电线路避雷器本体元件结构而言，绝缘筒采用了高强度环氧玻璃纤维布筒，并在筒壁上设置多个压力释放孔和橡胶密封塞，再在绝缘筒外成型柔韧的硅橡胶外套，绝缘筒压力释放孔示意图见图 5-14。当避雷器内部短路产生电弧时，气体迅速冲开橡胶密封塞，撕开硅橡胶外套，释放掉内部压力，防止避雷器爆炸时危害周围设备及人身安全。

对于采用灌注干燥空气（或氮气）实现密封的直流输电线路避雷器本体元件结构而言，通常在本体元件端部布置覆铜板作为压力释放板，避雷器本体端部防爆结构设计示意图见图 5-15，当避雷器内部短路产生电弧时，气体迅速冲开压力释放板，释放掉内部压力。

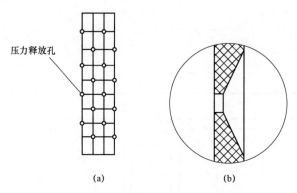

图 5-14　绝缘筒压力释放孔示意图
（a）压力释放孔在绝缘筒上的布置图；（b）单个压力释放孔局部图

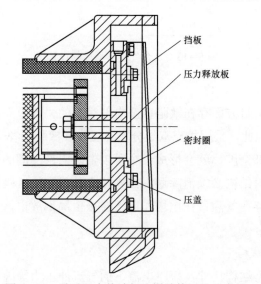

图 5-15　避雷器本体端部防爆结构设计示意图

5.3.3　外串联间隙结构

直流输电线路避雷器的放电间隙一般选用纯空气间隙电极，通常高压端电极设计成圆形，低压端电极设计成跑道形。同时还可以根据线路绝缘子的结构型式，如 I 形串或 V 形串，低压端电极设计成弧形，确保风偏时串联间隙距离基本保持不变。下面以某电压等级直流输电线路避雷器典型电极结构为例进行详细说明。

1. 间隙电极

考虑到均压作用、直流电晕、系统运行电压和安装时调整上、下间隙电极便捷性等因素，并参照直流输电线路设计技术标准，将电极设计成一定规格尺寸的环形结构，高、低压端环形电极结构示意图分别见图 5-16 和图 5-17，高、低压端环形电极由放电间隙环、支撑杆和法兰组成。通常需要通过直流电晕、雷电冲击放电电压和直流耐受电压等试验项目来验证间隙电极形状、尺寸的设计合理性。

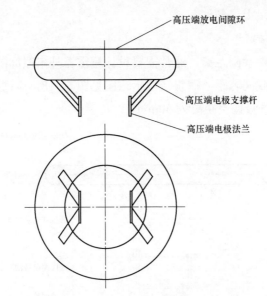

图 5-16 高压端环形电极结构示意图

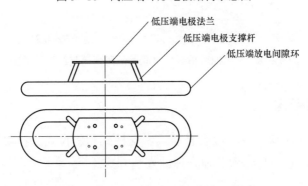

图 5-17 低压端环形电极结构示意图

2. 间隙距离

对于直流输电线路避雷器而言，间隙距离的设计至关重要，设计原则通常遵循以下要求：① 间隙距离小一些，雷电冲击电压作用下避雷器的外串联空气间隙可靠击穿，确保线路绝缘子串（或塔头空气间隙）不会因雷击而发生闪络。
② 间隙距离大一些，以防避雷器本体出现故障时，避雷器仍然能够耐受暂时过电压和操作过电压。实践经验表明，直流输电线路避雷器最小间隙距离由避雷器的直流耐受电压和操作过电压来确定，最大间隙距离则由线路绝缘配合确定的雷电冲击 50% 放电电压来决定，最终需要通过试验验证是否存在一个间隙距离范围能够同时满足上述条件。

3. 间隙调整结构

为方便现场调整间隙距离，通常需要设计避雷器外串联间隙距离调整结构，常见的避雷器外串联间隙距离调整结构示意图见图 5−18，该调整结构调整范围为 300～500mm，每级调整距离为 50mm。

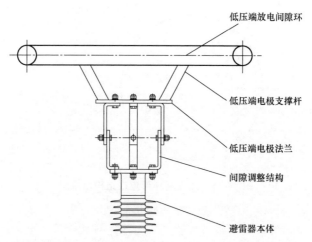

低压端放电间隙环

低压端电极支撑杆

低压端电极法兰

间隙调整结构

避雷器本体

图 5−18　常见的避雷器外串联间隙距离调整结构示意图

5.3.4　安装结构

直流输电线路避雷器一般有悬挂式、支柱式和斜拉式三种安装方式，根据现场实际情况，也可以选取其他合理的安装方式。

1. 悬挂式安装

悬挂式安装是将避雷器本体安装于由横担沿导线方向伸出的安装支架上，线路避雷器本体高压侧电极安装于避雷器本体下端，导线侧电极通过电极支架和连接金具安装在分裂导线上，悬挂式安装示意图如图 5−19 所示。

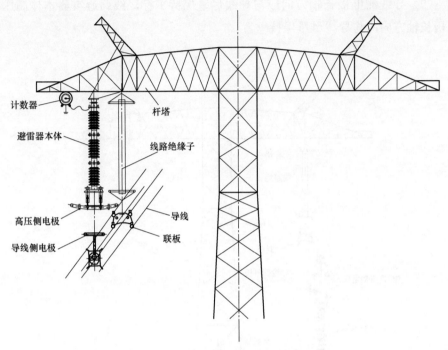

计数器

杆塔

避雷器本体

线路绝缘子

高压侧电极

导线

导线侧电极

联板

图 5-19 悬挂式安装示意图

悬挂式安装的安装要求：

（1）设计安装支架和吊架时，除应考虑满足避雷器安装强度外，还需验算避雷器安装后对铁塔强度及电气间隙距离的影响是否满足技术要求。

（2）安装支架伸出足够的距离，并留有一定裕度，防止避雷器对绝缘子金具放电或影响绝缘子的电压分布。

（3）导线侧电极长轴方向应与导线尽量保持平行，线路避雷器本体高压侧电极长轴方向应与导线尽量保持垂直。

2. 支柱式安装

支柱式安装是将避雷器本体安装在导线下方预先架设好的安装平台上，线路避雷器本体高压侧电极安装于避雷器本体上端，导线侧电极通过电极支架和连接金具安装在分裂导线上，支柱式安装示意图如图 5-20 所示。

支柱式安装的安装要求：

（1）设计安装平台时，除应考虑满足避雷器安装强度外，还需验算避雷器安装后对铁塔强度及电气间隙距离的影响是否满足技术要求。

（2）导线侧电极长轴方向应与导线尽量保持平行，线路避雷器本体高压侧电极长轴方向应与导线尽量保持垂直。

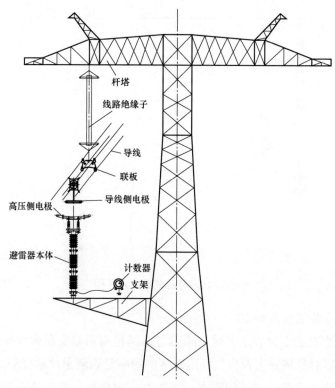

图 5-20　支柱式安装示意图

3. 斜拉式安装

斜拉式安装是一种新型的避雷器安装方式，主要用于 ±800kV 及以上电压等级的避雷器，这种避雷器电压等级高、结构长度大。斜拉式安装是将避雷器本体安装于由夹具固定在杆塔主材上的安装支架上，通过在头部、中部、尾部的 V形串复合绝缘子斜拉固定，绝缘子串上端通过夹具与杆塔主材相连，线路避雷器本体高压侧电极通过法兰安装于避雷器本体上端，导线侧电极通过导线联板和连接附件安装在分裂导线上，斜拉式安装示意图如图 5-21 所示。

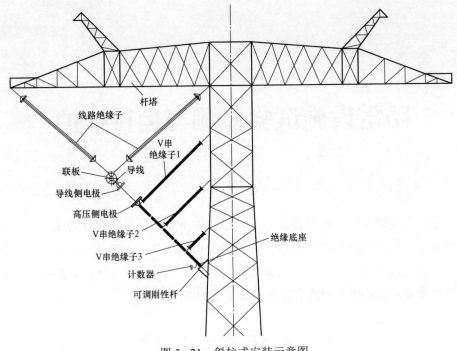

图 5-21 斜拉式安装示意图

斜拉式安装的安装要求：

（1）设计时，除应考虑满足避雷器安装强度外，还需验算避雷器安装后对铁塔强度及电气间隙距离的影响是否满足技术要求。

（2）V形串复合绝缘子的机械负荷及爬电比距应满足相关技术要求。

直流线路避雷器作为近几年来最新研发的防雷装备，在直流输电线路雷害治理方面发挥了重大作用，该避雷器仅用于保护线路绝缘（包括绝缘子串和塔头空气间隙），防止由雷电引起的闪络或击穿，内部的氧化锌电阻片通常采用直流氧化锌电阻片，结构上一般采用纯空气间隙结构。

6

防雷设施试验检测与运行维护

采用直流输电线路防雷设施是保障线路安全稳定运行的重要措施，而性能检测和运行维护是确保防雷设施正常运行的必要环节。本章对几种主要防雷设施进行标准化要求分析，从相应标准规定、检测项目及主要性能检测方法等方面进行描述，并总结各种防雷设施的运行维护方法。

6.1 通用防雷设施的检测

6.1.1 架空地线

6.1.1.1 试验标准与试验项目

架空地线是架设在输电线路上方，为避免输电线路遭受直接雷击而铺设的线路，常用的架空地线包括钢芯铝绞线（铝合金绞线）、钢芯铝包钢绞线、镀锌钢绞线及光纤复合架空地线等。

在架空地线的相关标准中，DL/T 1519—2016《交流输电线路架空地线接地技术导则》以交流输电线路为主，针对架空地线的技术参数提出了相关要求，其余标准以光纤复合架空地线（optical fiber composite overhead ground wire, OPGW）的规范为主，包括 DL/T 1378—2014《光纤复合架空地线（OPGW）防雷接地技术导则》、DL/T 766—2013《光纤复合架空地线（OPGW）用预绞式金具技术条件和试验方法》和 DL/T 832—2016《光纤复合架空地线》等，同时 DL/T 1184—2012《1000kV 输电线路铁塔、导线、金具和光纤复合架空地线监造导则》从设计和监造的角度对架空地线进行了规范。直流和交流输电线路架空地线的差异在相关标准和规范中还没有提及。

由于考虑到雷击的可能，架空地线的电气和机械性能需要满足设计要求。验算短路热稳定时，地线的允许温度为：钢芯铝绞线和钢芯铝合金绞线可采用200℃；钢芯铝包钢绞线（包括铝包钢绞线）可采用 300℃；镀锌钢绞线可采用400℃；光纤复合架空地线的允许温度应采用产品试验保证值。

6.1.1.2 主要试验方法与步骤

1. 电气性能试验

架空地线应满足泄放雷电流和短路电流的要求，可采用直接接地或设置放电间隙的接地方式。由于目前的架空地线多以 OPGW 应用为主，本书以 OPGW 介绍为主，其绝缘配合应满足 GB 311.1—2012《绝缘配合　第 1 部分：定义、原则和规则》的要求。电气性能试验以带间隙接地方式的 OPGW 试验为主。

OPGW 采用分段绝缘、单点接地方式时，宜使用双联绝缘子，并应选用合适的放电间隙，且绝缘应符合 JB/T 9680—2012《高压架空输电线路地线用绝缘子》的要求。OPGW 的放电间隙值应根据 OPGW 上感应电压的续流熄弧条件和继电保护的动作条件确定，一般采用 10~40mm，而在海拔 1000m 以上的地区，间隙相应加大。

在线路正常运行时，OPGW间隙应能耐受最大负荷运行方式下 OPGW 的稳态感应电压，OPGW 间隙不得被击穿。OPGW 间隙应较其他路径具有先行导通的功能，应引导电弧通道集中在间隙内而不灭散。

导线单相接地故障时，故障点附近铁塔的 OPGW 绝缘间隙应能被击穿；在OPGW 遭受雷击时，落雷点附近铁塔的 OPGW 间隙也应能被击穿。OPGW 间隙被击穿后，应保证故障消失后的熄弧能力。

2. 机械性能试验

机械性能试验以 DL/T 766—2013《光纤复合架空地线（OPGW）用预绞式金具技术条件和试验方法》为主，根据架空地线的张力设计要求，其弧垂最低点的最大张力为

$$T_{max} \leqslant \frac{T_p}{K_c} \tag{6-1}$$

式中：T_{max} 为架空地线在弧垂最低点的最大张力，N；T_p 为架空地线的额定抗拉力，N；K_c 为架空地线的设计安全系数。

架设在滑动线夹上的地线，还应计算悬挂点局部弯曲引起的附加张力。在较大风速或有覆冰气象条件时，地线弧垂最低点的最大张力，不应超过其拉断力的 70%。地线悬挂点的最大张力，不应超过其拉断力的 77%。

架空地线与耐张线夹的张力试验。选用与被试金具相匹配的 OPGW，金具与 OPGW 连接时不得使 OPGW 单束鼓起，两耐张线夹出口之间的 OPGW 长度不小于 5m。

将试品安装在拉力机上，以平稳的速度施加载荷，在内外层预绞丝出口处做出参考标记，以测量 OPGW 相对于金具及金具内外层绞丝的滑移量，将载荷逐步增加到 OPGW 额定拉断力的 2.5%，记录光信号作为参考；将载荷逐步增加到 OPGW 额定拉断力的 40%，并保持 30min，卸载至 OPGW 额定拉断力的 2.5%；将载荷逐步增加到 OPGW 额定拉断力的 60%，并保持 60min，卸载至 OPGW 额定拉断力的 2.5%；将载荷逐步增加到 OPGW 额定拉断力的 95%，并保持 1min，卸载至 OPGW 额定拉断力的 2.5%；在开始、结束和试验过程中应连续记录光信号，在试验过程中，金具与 OPGW 之间、内外层之间无滑移现象，保持 OPGW 的机械完整性，载荷与光学性能满足表 6-1 要求，则通过试验。

表 6-1   OPGW 载荷与光学性能要求

载荷	光纤应变	光纤附加衰减（dB）
40%RTS（极限抗拉强度）	—	≤0.03
60%RTS（极限抗拉强度）	≤0.25%	≤0.05（该荷载取消后，光纤无明显附加衰减）

6.1.1.3　运行维护

由于电磁感应现象、金具磨损、本体腐蚀以及雷击断线等现象的出现，架空地线在实际运行过程中会存在多种问题，因此需要开展架空地线的运行维护工作。

1. 巡视

OPGW 接地部分的巡视周期按 DL/T 741—2019《架空输电线路运行规程》

执行，定期对杆塔接地装置及接地线连接状况进行检查，发现脱焊、松动等情况应及时进行修复，发生严重锈（腐）蚀情况，应对接地装置进行防腐处理。巡视的主要内容和要求如下：

（1）OPGW 线路金具应完整，不应有变形、锈蚀、烧伤、裂纹、螺栓脱落等现象，金具与光缆之间不应有相对位移。

（2）OPGW 外层金属绞线不应有单丝损伤、扭曲、折弯、挤压、松股等现象。

（3）OPGW 的引下部分及盘留部分不应松散，余缆及余缆架应固定可靠。

（4）悬垂金具串应与地面垂直，相关技术指标应符合工程设计要求。

（5）引下 OPGW 应顺直美观、固定牢靠，不应与杆塔碰擦，弯曲半径应符合工程设计要求。

（6）绝缘子不应有损伤，导弧间隙电极无烧伤、严重锈蚀，间隙大小符合工程设计要求。

2. 定期检测

杆塔接地电阻测试应为 5 年一次，并且需根据运行情况调整测试时间，每次雷击故障后雷击点附近的杆塔应进行接地电阻测试。应根据巡视时发现的问题对 OPGW 的间隙进行必要的检查，做好检测结果的记录和统计分析，并做好检测资料的存档保管。

3. 维修及故障抢修

维修项目应按照设备状况、巡视和检测的结果及反事故措施确定。OPGW 发生雷击断股后，断股损伤截面积不超过总截面积的 6% 时，可进行缠绕或护线预绞丝处理；断股损伤截面积占总截面积的 6%～15%（铝包钢线）或 6%～20%（铝合金线）时，可用补修管或补修预绞丝补修；当断股损伤截面积超过总截面积的 15%（铝包钢线）或 20%（铝合金线）时，应更换受损区段 OPGW。

架空地线的检测要避开雷雨天气，检测项目包括电气连接和机械连接两个方面，各个检测项目的检测注意事项可以参考 DL/T 1378—2014《光纤复合架空地线（OPGW）防雷接地技术导则》。

6.1.2　绝缘子

6.1.2.1　试验标准与试验项目

绝缘子是输电线路绝缘的主体，其作用是悬挂导线并使导线与杆塔、大地保持绝缘，在电力工程中，绝缘子不但要承受工作电压和过电压作用，同时还要承受导线的垂直荷载、水平荷载和导线张力。目前针对瓷质、玻璃和复合绝缘子等都提出了相关的技术标准和试验标准，并且考虑了线路电压等级。例如GB/T 1386.1—1997《低压电力线路绝缘子　第 1 部分：低压架空电力线路绝缘子》和 GB/T 1386.2—1997《低压电力线路绝缘子　第 2 部分：架空电力线路用拉紧绝缘子》，针对低压电力线路绝缘子进行了技术和性能的规定。GB/T 775《绝缘子试验方法》系列标准从一般试验方法、电气试验方法和机械试验方法等方面对绝缘子的试验方法进行了规定。尤其是复合绝缘子，在直流和交流输电线路上的应用有明确区分，相同电压等级的直流输电线路用绝缘子的参数普遍比交流输电线路用绝缘子的要高。

合格的绝缘子除了要有良好的绝缘性能，还应具有足够的机械性能。绝缘子的技术标准还规定根据绝缘子型号和使用条件的不同，需要对绝缘子进行各种电气、机械、物理及环境条件变化的试验，以检验其性能和质量。

6.1.2.2　主要试验方法与步骤

1. 电气性能试验

采用耐受程序的耐受电压试验时，应使用正极性和负极性两种冲击波。但是，当已知某种极性冲击波能得到较低闪络电压时，用该种极性试验即可。试验时，应调整冲击电压发生器使之产生所需要的冲击波形，然后升高电压至规定的耐受电压，共施加 15 次。如果闪络次数不超过 2 次，则试品通过该试验。试品经过试验后不应有损坏（包括绝缘体的击穿，但不包括绝缘件表面上的轻微放电痕迹或胶装物及其他材料的碎片脱落）。

采用 50% 闪络程序的耐受电压试验，应使用正极性和负极性两种冲击波。但是，当已知某种极性冲击波能得到较低闪络电压时，用该种极性试验即可。试验时，应调整冲击电压发生器使之产生所需要的波形，然后选取接近于 50% 闪络电压水平的一个电压 U_k 作为起始点，再选取一个约为 $3\%U_k$ 的电压间距ΔU。在 U_k 点施加一次冲击，如果不发生闪络，则下次施加 $U_k+\Delta U$ 的冲击电压；如果在 U_k 水平上发生闪络，则下次施加 $U_k-\Delta U$ 的冲击电压。这一程序应重复 30 次。每次冲击水平由前次冲击结果来确定，汇总记录每个闪络电压的电压幅值和总共的闪络次数 N。确定第一个有用的起始电压值，应是在随后的试验过程中出现过两次或更多次冲击的那个电压值，以避免由于 U_k 取得太高或太低而引起误差。

如果 50% 闪络电压不小于规定的雷电冲击耐受电压的 1.04 倍、操作冲击耐受电压的 1.085 倍，则认为试品通过该试验。试品经过试验后不应有损坏（包括绝缘体的击穿，但不包括绝缘件表面上的轻微放电痕迹或胶装物及其他材料的小碎片脱落）。

2. 机械性能试验

弯曲破坏负荷试验时，在规定的弯曲破坏负荷的 75% 以前，应平稳而无冲击地增加负荷，其后以每分钟为规定弯曲破坏负荷的 35%～100% 的速率升高至试品破坏（能观察得到明显破坏现象）为止，此时的负荷值为试品的弯曲破坏负荷。

对于支柱绝缘子，在规定的弯曲破坏负荷的 50% 以前，应平稳而无冲击地增加负荷，其后以每分钟为规定弯曲破坏负荷的 35%～100% 的速率升高至试品破坏（能观察得到明显破坏现象，或试验机负荷指示值不再升高）为止，此时的负荷值为试品的弯曲破坏负荷。如果仅要求进行耐受负荷试验，则负荷升高至标准规定的试验负荷，在此负荷下如试品不破坏，则通过该试验逐个弯曲负荷试验程序。试验时，应均匀而无冲击地升高负荷至规定的逐个弯曲负荷值，并在此负荷下保持 10s，试品不应有破坏、胶合剂开裂（不包括胶合剂与金属附件间的微小缝隙）或金属附件产生明显的永久变形以及各部位间的明显位移现象。当采用四向（或多向）弯曲负荷试验时，试验负荷加到规定试验负荷值后，立即卸去负荷（或按具体产品标准停留时间），试品不应有破坏、胶合剂开裂（不包括胶合剂与金属附件间的微小缝隙），或金属附件上产生明显的永久性变形以及各部位间的明显位移现象。每试验一个方向，试品应旋转 90°（或按其试验方向数计算而得的角度）。负荷下偏移试验程序。完整的支柱绝缘子安装在刚性支架上，在试品自由端施加弯曲负荷，在机械破坏负荷的 20%、50%、70% 的各点上测量各负荷点下的偏移量。

拉伸破坏负荷试验。试验时，在规定的拉伸破坏负荷的 75% 以前，应平稳而无冲击地增加负荷，其后以每分钟为规定拉伸破坏负荷的 35%～100% 的速率升高至试品破坏（能观察得到明显破坏现象，或试验机负荷指示值不再升高）为止。此时的负荷值为试品的拉伸破坏负荷。如果仅要求进行耐受负荷试验，则负荷升高至标准规定的试验负荷，在此负荷下，如试品不破坏，则通过本试验逐个拉伸负荷试验。试验时，应均匀而无冲击地升高负荷至规定逐个拉伸负荷，并在此负荷下保持 10s，试品不应有破坏、胶合剂开裂或金属附件产生明显的永久变形，以及各部件之间明显的位移现象。串接成绝缘子串进行试验时，如在试验期间有试品破坏，将其剔除后，重新进行 10s 的试验，至试品不发生破坏为止。

6.1.2.3　运行维护

为了维持设定的绝缘水平，应在每年的线路巡检中检查绝缘子的损坏情况，特别是瓷绝缘子的零值检测，并及时更换损坏的绝缘子。根据 DL/T 741—2019《架空输电线路运行规程》，线路绝缘子出现下述情况时，应进行处理：

（1）瓷绝缘子伞裙破损，瓷质有裂纹，瓷釉烧坏。

（2）玻璃绝缘子自爆或表面有闪络痕迹。

（3）复合绝缘子伞裙、护套、破损或龟裂，黏结剂老化。

（4）绝缘子钢帽、绝缘件、钢脚不在同一轴线上，钢脚、钢帽、浇装水泥有裂纹、歪斜、变形或严重锈蚀，钢脚与钢帽槽口间隙超标。

（5）盘形绝缘子分布电压为零或低值。

（6）绝缘子的锁紧销不符合锁紧试验的规范要求。

检测计划应符合季节性要求。检测项目包括盘形绝缘子绝缘测试、复合绝缘子检查、玻璃绝缘子检查、绝缘子金属附件检查、金具及附件锈蚀检查等。检测项目的检测周期及检测注意事项可以参考 DL/T 741—2019《架空送电线路运行规程》中第 6 部分的相关内容。

6.1.3　接地装置

6.1.3.1　试验标准与试验项目

市场上的接地材料丰富多样，接地主材主要有镀锌钢、铜包钢、不锈钢包钢、离子接地棒、石墨基柔性接地体、石墨烯复合接地装置等，接地辅材主要有接地模块、降阻剂等。大部分接地材料都有各自的标准，如 DL/T 248—2012《输电线路杆塔不锈钢复合材料耐腐蚀接地装置》、DL/T 380—2010《接地降阻材料技术条件》、DL/T 1312—2013《电力工程接地用铜覆钢技术条件》、DL/T 1314—2013《电力工程用缓释型离子接地装置技术条件》、DL/T 1342—2014《电气接地工程用材料及连接件》、DL/T 1457—2015《电力工程接地用锌包钢技术条件》、DL/T

1677—2016《电力工程用降阻接地模块技术条件》、DL/T 2095—2020《输电线路杆塔石墨基柔性接地体技术条件》等，在目前的标准中，GB/T 21698—2008《复合接地体技术条件》对接地材料的性能检测试验方法进行了具体规范。针对交、直流输电线路，现有标准并没有对接地装置进行区分。

接地装置主要包括接地引下线和接地体。接地引下线是连接架空地线、杆塔与接地体的金属导线，常用材料为镀锌钢。接地体是指埋入地面以下直接与大地接触的金属导体，可分为自然接地体和人工接地体两种。自然接地体是指直接与大地接触的金属构件、拉线和杆塔基础等；人工接地体是指专门敷设的金属导体。根据 GB/T 50065—2011《交流电气装置的接地设计规范》和 GB/T 21698—2008《复合接地体技术条件》的相关要求，接地装置的电气性能、机械性能、化学性能均应满足现场应用的需求。

6.1.3.2 主要试验方法与步骤

1. 电气性能试验

针对目前应用较广的包覆性金属基接地材料进行试验方法分析。冲击电流耐受试验，对每个试品分别施加波形为 8/20μs，按照试品截面积不低于 50A/mm² 的电流进行大电流冲击，共进行三次冲击试验。每次冲击完成后，时隔 5min 进行下一次冲击。试验后待试品冷却至室温，分别测量试品的直流电阻，分别求出试验后试品直流电阻变化率。

接地体的电阻测试按 GB/T 3048.2—2007《电线电缆电性能试验方法　第 2 部分：金属材料电阻率试验》规定的要求执行。试品的长度不小于 1m。电阻测量时记录环境温度，按式（6-2）校正到 20℃时的电阻值 R_{20}。

$$R_{20} = \frac{R_m}{1 + \alpha_{20}(T_m - 20)} \tag{6-2}$$

式中：R_m 为测量电阻值，Ω；α_{20} 为 20℃时的电阻温度系数，1/℃；T_m 为环境温度，℃。

2. 机械性能试验

拉伸试验。试品拉伸试验应按 GB/T 228.1—2010《金属材料　拉伸试验　第 1 部分：室温试验方法》的规定进行，夹具间的试品长度不少于 500mm。

弯折试验。30°弯折试验，在室温下将试品的一端夹紧在夹具或虎钳钳口上，在距夹具 40 倍试品直径或等效直径处，施加一个垂直于试品的力，弯折 30°，弯折 5 次，观察试品弯折处内、外缘；90°弯折试验，利用万能试验机采用三点

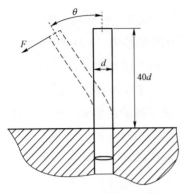

图 6-1　弯折试验示意图

弯折法弯折 90°，弯折 3 次，观察试品弯折内、外缘，弯折试验示意图如图 6-1 所示，图 6-1 中 d 为试品直径；θ 为弯折角度；F 为施加力。

6.1.3.3　运行维护

由于接地装置属于地下隐蔽工程，在土建施工阶段回填土工序完成后，就很难对接地装置的连通情况及运行情况进行直观的检查和状态评价，因此，需要对接地装置进行重点维护。

1. 检查周期

各种防雷装置的接地装置每年在雷雨季节前检查一次，对有腐蚀性土壤的接地装置，应根据运行情况一般每 5 年对接地体检查一次。

2. 检查项目

检查接地装置各连接点的接触是否良好，有无损伤、折断和腐蚀。对含有重酸、碱、盐等化学成分的土壤地带应检查地面下 500mm 以上部位的接地体腐蚀程度。在土壤电阻率最大时（一般为雨季前），测量接地装置的接地电阻，并对测量结果进行分析比较。电气设备检修后，应检查接地线连接是否牢固可靠。检查电气设备与接地线连接、接地线与接地网连接、接地线与接地干线连接是否完好。

接地电阻的检测计划应符合季节性和天气要求。检测项目包括接地电阻、跨步电位差、接触电位差及腐蚀检查等。具体检测项目、检测周期及检测注意事项可以参考 DL/T 475—2017《接地装置特性参数测量导则》。

架空地线、绝缘子和接地装置是通用的防雷设施，在实际应用中一般是多措并举、各司其职。通用防雷设施也是最基本的防雷设施，为线路的安全稳定运行提供多方面的保障措施。

6.2　专用避雷器的检测

6.2.1　试验标准与试验项目

目前直流输电线路用复合外套带串联间隙金属氧化物避雷器产品尚无国家

标准，国网公司企业标准 Q/GDW 11007—2013《±500kV 直流输电线路用复合外套带串联间隙金属氧化物避雷器技术规范》、Q/GDW 11788—2017《±800kV 直流输电线路用复合外套带串联间隙金属氧化物避雷器技术规范》、Q/GDW 11752—2017《±1100kV 直流输电线路用复合外套带串联间隙金属氧化物避雷器技术规范》，电力行业标准 DL/T 2109—2020《直流输电线路用复合外套带外串联间隙金属氧化物避雷器选用导则》已正式发布，其中国网公司企业标准 Q/GDW 11007—2013、Q/GDW 11788—2017、Q/GDW 11752—2017 分别适用于±500、±800、±1100kV 直流输电线路用复合外套带串联间隙金属氧化物避雷器，电力行业标准 DL/T 2109—2020 适用于±400～±1100kV 直流输电线路用复合外套带外串联间隙金属氧化物避雷器。这些标准以 GB/T 11032—2020《交流无间隙金属氧化物避雷器》、DL/T 815—2012《交流输电线路用复合外套金属氧化物避雷器》和 GB/T 22389—2008《高压直流换流站无间隙金属氧化物避雷器导则》为基础，结合直流输电线路用复合外套带串联间隙金属氧化物避雷器自身技术特点和使用方法制定。

避雷器的电气、机械性能直接决定着避雷器的保护水平和运行寿命。为保证避雷器满足相关技术参数要求，就需要对避雷器进行试验验证。依据相关标准，避雷器部分的主要试验项目如表 6-2 所示。

表 6-2 避雷器部分的主要试验项目

序号	试验项目名称	序号	试验项目名称
1	直流参考电压试验	9	局部放电试验
2	0.75 倍直流参考电压下漏电流试验	10	电流冲击耐受试验
3	残压试验	11	动作负载试验
4	雷电冲击放电电压试验	12	机械性能试验
5	雷电冲击伏秒特性试验	13	密封试验
6	直流湿耐受电压试验	14	复合外套外观检查
7	避雷器本体故障后绝缘耐受试验	15	气候老化试验
8	复合外套绝缘耐受试验	16	电晕试验

6.2.2 试验方法

6.2.2.1 直流参考电压试验

测量避雷器本体直流参考电压时，直流电压脉动部分应不超过±1.5%。电流测量应使用外接 0.5 级电流表进行，试验室测量的试验环境温度为 25℃±10K。现场交接试验应在环境温度不低于 5℃，空气相对湿度不高于 80% 的条件下进行。电流表宜接至避雷器接地回路中，测试时还应采取相应的屏蔽措施。具体应按照 GB/T 11032—2020《交流无间隙金属氧化物避雷器》中第 8.16 条要求进行。

试验时，对直流输电线路避雷器本体（或避雷器本体元件）施加一直流电压，当通过试品的电流等于直流参考电流 1mA 时，测出试品上的直流电压值，此值即为直流参考电压值。

6.2.2.2 0.75 倍直流参考电压下的漏电流试验

在进行 0.75 倍直流参考电压下的漏电流试验时，将 $0.75U_{1mA}$ 的电压加在避雷器两端，测量通过避雷器的电流值即为漏电流值，若漏电流与极性有关，取高值。具体应按照 GB/T 11032—2020《交流无间隙金属氧化物避雷器》第 8.17 条要求进行。

根据直流输电线路避雷器标准、氧化锌电阻片漏电流和复合外套污秽电流情况，避雷器本体在 $0.75U_{1mA}$ 下的漏电流测量值 I_L 一般应不大于 50μA。

6.2.2.3 残压试验

残压试验的目的是获得各种规定的电流和波形下某种给定设计的最大残压，包括各种规定冲击电流下残压与在例行试验中所检验的电压水平的比值。在各种规定的电流和波形下，所测试验比例单元残压乘以例行试验电流下的最大残压与在相同电流下所测比例单元残压之比，就是避雷器在该规定电流和波形下的最大残压。直流输电线路避雷器残压是指标称放电电流下的雷电冲击残压，试验测量时如不能直接测量整支避雷器的残压，可以把电阻片的测量残压值之和或单个避雷器元件的测量残压值之和视作整支避雷器的残压。雷电冲击残压试验应在相同的 3 支完整避雷器或避雷器比例单元试品上进行。

试验时，对 3 支试品的每 1 支试品施加 3 次雷电电流冲击，其幅值分别约为避雷器标称放电电流的 0.5 倍、1 倍和 2 倍。视在波前时间应为 7～9μs，半峰值时间（无严格要求）可有任意偏差。两次放电的间隔时间应足以使试品恢复到接近环境温度。已确定的残压最大值应画成残压与电流的曲线，在曲线上相应于标称放电电流读取的残压，即定义为避雷器雷电冲击保护水平。具体应按照 GB/T 11032—2020《交流无间隙金属氧化物避雷器》第 8.3.2 条要求进行。

6.2.2.4　雷电冲击放电电压试验

对避雷器进行雷电冲击放电电压试验时，试品应为整支避雷器，且整支避雷器应在最大间隙距离下同时保持在干状态下进行试验。试验采用标准雷电冲击波形为 1.2/50μs。50% 放电电压将按照 GB/T 16927.1—2011《高电压试验技术第 1 部分：一般定义及试验要求》的升降法来确定。

6.2.2.5　雷电冲击伏秒特性试验

对避雷器进行雷电冲击伏秒特性试验时，试品为整支避雷器，且整支避雷器应在最大间隙距离下同时保持在干状态下进行试验。试验采用标准雷电冲击波形为 1.2/50μs。试验的目的是验证避雷器和被保护对象之间的绝缘配合是否满足要求，避雷器雷电冲击伏秒特性曲线应比被保护绝缘子（串）或塔头空气间隙的雷电冲击伏秒特性曲线至少低 15%。雷电冲击伏秒特性曲线通过施加波形一定而预期峰值不同的冲击电压获得。由试品放电电压与截断时间的关系曲线判断，截断时间可能发生在波前、峰值或波尾。工程研究中可以采用平均伏秒特性曲线。当击穿发生在波头时，电压取击穿时的电压，而当击穿发生在波尾时，电压取冲击电压峰值。具体应按照 GB/T 16927.1—2011《高电压试验技术　第 1 部分：一般定义及试验要求》要求进行。

6.2.2.6　直流湿耐受电压试验

避雷器在实际运行过程中，可能遭遇风、雨、冰雪等外部恶劣气候影响，为了确保避雷器在系统正常运行电压下不误动，应对避雷器进行直流湿耐受电压试验。另外，为了避免避雷器本体故障时，避雷器在系统正常运行电压下发生间隙闪络，还应对本体故障后的避雷器进行直流湿耐受电压试验，以验证避雷器在本体发生故障短路时，避雷器耐受直流电压的能力。

试验时试品为整支避雷器，且要尽可能按实际运行情况安装。耐受电压数值应与线路绝缘水平相配合，以保证避雷器在直流电压下不放电，直流湿耐受电压试验用来确定避雷器间隙的最小距离。直流湿耐受电压试验的持续时间为 60s，允许闪络一次，但在重复试验时不得再发生闪络。具体应按照 GB/T 16927.1—2011《高电压试验技术 第 1 部分：一般定义及试验要求》要求进行。

湿耐受电压试验的目的是模拟自然雨对避雷器本体复合外套外绝缘的影响。试验用规定的电阻率和温度的水喷射试品，落在试品上的水应成滴状（避免雾状），并控制喷射角度使其垂直和水平分量大致相等。试品应按规定条件在规定的容差范围内至少不间断预淋 15min，预淋时间不包括为调整喷水需要的时间。开始时也可以用自来水预淋 15min，接着在试验开始前需用规定条件的水连续预淋至少 2min。雨水条件应在试验开始前进行测量。标准湿耐受电压试验程序的淋雨条件见表 6-3。

表 6-3   标准湿耐受电压试验程序的淋雨条件

项别		单位	参数
所有测量点的平均淋雨率	垂直分量	mm/min	1.0～2.0
	水平分量	mm/min	1.0～2.0
单独每次测量和每个分量的极限值		mm/min	平均值±0.5
雨水温度		℃	周围环境温度±15K
雨水导电率		μS/cm	100±15

6.2.2.7 避雷器本体故障后绝缘耐受试验

避雷器本体故障后绝缘耐受试验是采用模拟避雷器本体故障的情况进行操作冲击湿耐受电压试验和直流湿耐受电压试验，目的是验证在避雷器本体故障短路（最坏情况）时能够耐受的最大操作过电压和直流电压。

1. 操作冲击湿耐受电压试验

试验程序如下：

试品：本体短路的整支避雷器。避雷器本体的故障通过金属导线短路模拟，按避雷器最小的外串间隙长度进行试验。

试验电压和试验条件：

（1）耐受电压应考虑实际线路的操作冲击过电压水平。

（2）按每次增加或减少一个小量 ΔU 的升降法进行电压调整，在本体被短路的避雷器不同极性上测得 50% 放电电压 $U_{50\%}$，试验电压波形为 250/2500μs。

（3）淋雨特性应符合标准湿耐受电压试验程序的淋雨条件要求。

试验评估：耐受电压 U 应由测定的 50% 放电电压 $U_{50\%}$ 和标准偏差算出。

$$U = U_{50\%}(1 - 3 \times 0.06) \tag{6-3}$$

2. 直流湿耐受电压试验

试验时试品为本体短路的整支避雷器，避雷器本体的故障通过金属导线短路模拟，按避雷器最小的外串间隙长度进行试验。试验方法同整支避雷器直流湿耐受电压试验。具体方法应按照 GB/T 16927.1—2011《高电压试验技术　第 1 部分：一般定义及试验要求》要求进行。

6.2.2.8　复合外套绝缘耐受试验

复合外套绝缘耐受试验是为了验证避雷器外绝缘设计是否满足雷电冲击和直流绝缘耐受能力要求。

试验时，试品为本体复合外套（含内绝缘筒），应保持本体复合外套的外表面清洁，内部的电阻片已除去，也可用变压器油或其他绝缘物代替电阻片。试验在整支避雷器外套上进行，且避雷器要尽可能按实际运行情况安装。耐受试验时施加的电压值等于规定的耐受电压乘以考虑空气密度和湿度的校正系数，湿耐受电压试验时不做湿度修正。试验项目及试验方法如下：

（1）雷电冲击电压耐受试验：避雷器本体复合外套应保持在干状态下进行。试验采用标准雷电冲击波形为 1.2/50μs。

试验时，连续施加正负极性各 15 次冲击试验电压，如果内部不发生闪络，且每 15 次冲击中外部闪络不超过 2 次时，则认为避雷器通过了试验。试验要求如下：

1）冲击次数至少 15 次。

2）自恢复绝缘上不应出现破坏性放电；如不能证实，可通过在最后一次破坏性放电后连续施加 3 次冲击耐受试验来确认。

3）破坏性放电次数不应超过 2 次。

4）如果在第 13 次至 15 次冲击中发生 1 次破坏性放电，则在发生放电后连续追加 3 次冲击（总冲击次数最多 18 次）。如果在追加的 3 次冲击中没有发生破坏性放电，则认为试品通过试验。

（2）直流湿耐受电压试验：避雷器本体复合外套应保持在湿条件下进行试验，且要尽可能按实际运行情况安装。试验方法同整支避雷器直流湿耐受电压试验。具体应按照 GB/T 16927.1—2011《高电压试验技术　第 1 部分：一般定义及试验要求》要求进行。

6.2.2.9　局部放电试验

局部放电试验目的是检测避雷器内部绝缘情况，它属于非破坏性试验，一般不会对绝缘造成损伤。试验试品为整支避雷器本体或所有避雷器本体元件，且按实际运行情况安装。

试验时，试品可以采取屏蔽措施以防止外部的局部放电，防止外部局部放电采取的屏蔽措施不应影响避雷器的电压分布。试验可采用分别施加正负极性的直流电压和施加工频电压两种方法进行。

方法 1：当施加直流电压时，对施加在试品上的试验电压应升至直流参考电压，保持 2~10s，然后降到直流参考电压的 0.8 倍，在该电压下，按照标准 GB/T 7354—2018《高电压试验技术　局部放电测量》规定测量局部放电量，测得的内部局部放电值不超过 10pC，试验结果即为合格。

方法 2：当施加工频电压时，对施加在试品上的工频电压峰值应升至直流参考电压，保持 2~10s，然后电压峰值降到直流参考电压的 0.8 倍，在该电压下，按照标准 GB/T 7354—2018《高电压试验技术　局部放电测量》规定测量局部放电量，测得的内部局部放电值不超过 10pC，试验结果即为合格。

6.2.2.10　电流冲击耐受试验

1. 4/10μs 大电流冲击耐受电流试验

4/10μs 大电流冲击耐受电流试验是对避雷器耐受最大通流设计要求的考核。试品为避雷器本体比例单元或氧化锌电阻片。试品应耐受三次冲击，不应有击穿、闪络等损坏，两次之间间隔时间应能使试品冷却到环境温度。试验电流值为 100kA，波形为 4/10μs，波形调整规范如下：

（1）电流峰值为规定值的 90%~110%。

（2）视在波前时间为 3.5~4.5μs。

（3）视在半峰值时间为 9~11μs。

（4）任何反极性电流波的振荡峰值应小于电流峰值的 20%。

（5）允许冲击波上有小振幅，但其峰值应小于峰值的 5%。

试验前后试品直流参考电压变化不超过 5%，试验前后标称放电电流下残压变化不超过 −2%～+5%。试验后检查试品，应无击穿、闪络和破碎或其他明显损坏痕迹。试验结果即为通过。

2. 2ms 方波冲击耐受电流试验

2ms 方波冲击耐受电流试验是对避雷器耐受长持续时间电流冲击的考核。试品为避雷器本体比例单元或氧化锌电阻片。试验前，测量每支试品的标称放电电流下雷电冲击残压，用作试验前后残压变化率的评价。每种长持续时间电流冲击耐受试验应在 3 支以前未经过任何试验的试品上进行。试验期间试品可以暴露在空气中，此静止空气的温度为 20℃±15K。试验要求及方法如下。

（1）试验冲击电流要求。试验所用发生器产生的冲击电流应满足下列要求：

1）峰值视在持续时间应为规定值（2ms）的 100%～120%。

2）视在总持续时间应不超过峰值视在持续时间的 150%。

3）振荡或起始过程的冲击电流应不超过电流峰值的 10%。

4）第 1 次冲击的电流峰值应为规定值的 90%～110%，对其余各次冲击的电流峰值应为规定值的 100%～110%。

（2）试验方法。长持续时间电流冲击试验由 18 次放电动作组成，共分为 6 组，每组 3 次，2 次动作间隔时间为 50～60s，2 组之间的间隔时间应使试品冷却到接近环境温度。在长持续时间电流冲击试验后且试品冷却到接近环境温度时，要重复进行长持续时间电流冲击试验前的残压试验，并与试验前残压值比较，该值变化应不超过 5%。试验后检查试品，不应有任何击穿、闪络、破碎或者明显损坏的痕迹。试验结果即为通过。

6.2.2.11 动作负载试验

动作负载试验是对避雷器在运行中所承受各种电压应力的综合性能考核与评价的试验项目，是避雷器型式试验中的关键试验，它对避雷器进行冲击稳定、冲击大电流耐受、长线能量释放、直流过电压等一系列试验后，要求在持续运行电压下能够冷却下来而不发生热崩溃。但热崩溃的形成与否和产品本身的散热条件有很大关系。因此，要求被试品的瞬时和稳态的热耗散能力均应不大于整支避雷器。

根据直流输电线路避雷器可能承受的动作负载情况，设计了大电流冲击动作负载试验程序，如图 6-2 所示，试品为避雷器本体比例单元或氧化锌电阻片。

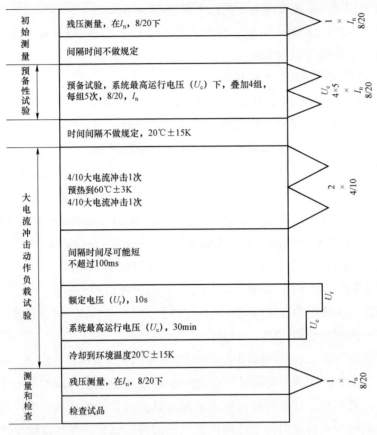

I_n— 标称放电电流。

图 6-2 避雷器大电流冲击动作负载试验程序

1. 预备性试验

预备性试验中，试品应经受 20 次 8/20μs 雷电冲击电流，其峰值等于避雷器标称放电电流。施加冲击电流时，对试品施加直流系统最高运行电压（按避雷器本体比例单元或氧化锌电阻片额定电压与避雷器本体额定电压比例施加，以下描述相同）。施加的 20 次冲击分为 4 组，每组 5 次，两次冲击之间的间隔时间为 50~60s，两组之间的间隔时间为 25~30min。两组冲击之间，试品无须施加直流电压。

2. 施加冲击

试品应耐受规定的峰值和波形的大电流冲击 2 次。在两次冲击电流之间，比例单元应当在烘箱中预热，使得在施加第二次冲击电流时的温度为 60℃±3K。试验应该在环境温度为 20℃±15K 下进行。预备性试验及随后的大电流冲击应该施加相同的极性。在最后一次大电流冲击后，应尽可能快且在不超过 100ms 内向试品施加 10s 额定电压，然后再接着施加 30min 直流系统最高运行电压，以验证热稳定或热击穿。

每次冲击应记录电流波形。同一试品的电流波形不应出现显示试品击穿或闪络的差异。在施加的直流系统最高运行电压期间，应连续记录试品电流值。在施加直流电压期间，应监测电阻片温度或电流阻性分量或功率损耗，以证明热稳定或热崩溃。在完成整个试验程序且在试品冷却到接近环境温度后，重复试验程序开始时的残压试验。如达到热稳定，试验前后测得的残压变化不大于 5%，且试验后检查试品，电阻片无击穿、闪络或破碎痕迹，则认为避雷器通过试验。

6.2.2.12 机械性能试验

机械性能试验主要包括拉伸负荷试验和弯曲负荷试验。避雷器应能够耐受拉伸、弯曲和（或）风力引起的负载等。

1. 拉伸负荷试验

避雷器的额定拉伸负荷至少为避雷器自重的 15 倍。

型式试验时，避雷器应能耐受额定拉伸负荷 1min 试验而不损坏。试验后局部放电量不大于 10pC，直流参考电压变化不大于 5%。

出厂试验时，避雷器应能耐受 50% 的额定拉伸负荷 10s 试验而不损坏。试验后考核直流参考电压及局部放电量，应符合规定值，且直流参考电压变化不大于 5%。

2. 弯曲负荷试验

避雷器本体应能耐受弯曲负荷值根据避雷器实际安装方式来确定。

当避雷器为悬挂或支柱式安装时，要求避雷器本体在 2.5 倍的风压力 F 作用下不损坏，并可靠运行，风压力为

$$F = \frac{v_0^2}{16}\alpha S \times 9.8 \tag{6-4}$$

式中：F 为作用于避雷器本体上的最大风压力，N；v_0 为最大风速，m/s；α 为空气动力系数，它依风速大小而定，当 $v_0 \leqslant 35$m/s 时，$\alpha = 0.8$；S 为避雷器本体的迎风面积（应考虑表面覆冰厚度 20mm），m²。

当避雷器为斜拉式安装时，应考虑自重或自重分量，要求避雷器本体元件（斜拉绝缘子之间）在 2.5 倍（$F+G$)/2 作用下不损坏，并可靠运行。此时，F 为作用于避雷器本体元件（斜拉绝缘子之间）的风压力；G 为避雷器本体元件（斜拉绝缘子之间）的质量。F 仍按式（6-4）进行计算，式中 S 为避雷器本体元件（斜拉绝缘子之间）的迎风面积（应考虑表面覆冰厚度 20mm）。

型式试验时，避雷器本体元件应能耐受额定弯曲负荷 60～90s 试验而不损坏。例行试验时，避雷器本体元件应能耐受 50% 的额定弯曲负荷 10s 试验而不损坏。

6.2.2.13 密封试验

密封试验用来验证避雷器整个系统的气密性/水密性，适用于为保持外套内部的气氛而带有密封和相关必要部件的复合外套避雷器（避雷器具有封闭气体空间和独立密封系统）。试验在 1 支新的、干净的避雷器或元件上进行，内部元件可省略。如果避雷器包含不同密封系统的元件，则试验应在代表每个不同密封系统的元件上进行。具体应按照 GB/T 11032—2020《交流无间隙金属氧化物避雷器》第 10.8.11 条要求进行。

试验时，可采用氦质谱检漏仪检漏法、抽气浸泡法、热水浸泡法等任何灵敏方法对避雷器进行密封试验。

1. 氦质谱检漏仪检漏法

采用喷吹法检漏。喷吹法适用于有抽气口的避雷器。试验时将试品接在检漏仪的检漏口，用检漏仪的真空系统对试品抽真空，并使真空衔接与质谱室沟通，试品真空度要求应符合检漏仪的规定，然后用喷枪向密封处喷吹氦气。当有漏孔存在时，氦气就通过漏孔进入质谱室被检测出。采用氦质谱检漏仪检漏法，最大的密封泄漏率应低于 6.65×10^{-5} Pa·L/s。

2. 热水浸泡法

将试品水平浸泡于高于试验环境温度 45℃±5K 的水中，水应是清洁的，水面应高出避雷器最高点 10～20cm，浸泡时间不小于 30min。浸泡时间从达到规定的水温时算起，用计时器记录。

3. 抽气浸泡法

将试品水平放入水温不低于 5℃ 的水中，水应是清洁的，水面应高出避雷器最高点 10～20cm。对试验水箱抽真空，压差不应小于 0.02MPa，保压 3min。保压时间从达到规定的压差时算起，用计时器记录。压差应用压力表测量，压力表应能读出 0.001MPa。

采用热水浸泡法和抽气浸泡法时，避雷器在规定的浸泡（保压）时间内，如无连续性气泡溢出则视为合格（如开始有少量断续气泡溢出，但随后不再有气泡溢出，仍视为合格），如不能明确判断是否有连续气泡溢出，应重测避雷器元件的直流参考电压和 0.75 倍直流参考电压下的漏电流，试验前后直流参考电压变化应不大于 5%，0.75 倍直流参考电压下的漏电流变化不应大于 20μA。

6.2.2.14　复合外套外观检查

复合外套外观检查主要用于检测复合外套材料存在的缺陷情况，确保复合外套外绝缘性能满足要求。用量具检查避雷器本体复合外套的表面缺陷，检查结果应符合如下规定：复合外套表面单个缺陷面积（如缺胶、杂质、凸起等）不应超过 5mm²，深度不应大于 1mm，凸起表面与合缝应清理平整，凸起高度不得超过 0.8mm，粘接缝凸起高度不应超过 1.2mm，总缺陷面积不应超过复合外套总表面积的 0.2%。

6.2.2.15　气候老化试验

气候老化试验是为了验证户外使用避雷器耐受规定气候条件的能力。试验包含两个部分：① 避雷器暴露在盐雾下对其性能的影响。② 验证外套材料暴露在紫外光下对其性能的影响。

1. 盐雾试验

试验时，试品为具有最小爬电比距和最高额定电压避雷器的比例单元。试验后，试品需满足以下几个条件即为通过试验。

（1）没有漏电痕迹（见 GB/T 22079—2019《户内和户外用高压聚合物绝缘子一般定义、试验方法和接收准则》第 9.3.3 条）。

（2）腐蚀没有穿透整个外层厚度直到下一层材料。

（3）伞裙和外套没有击穿。

（4）在相同环境温度（±3K）下，试验前后测量的工频参考电压降低不超过 5%。

（5）试验前后所测局部放电量结果合格，即测量的局部放电量不超过 10pC。

2. 紫外光试验

试验时，在避雷器的伞和外套材料中取选取 3 个样片。如果外套上有标识，应直接暴露在紫外光下，绝缘外套材料应经受 1000h 紫外光照射。试验后，在伞和外套材料上的标识应清晰；表面上不允许有劣化现象（例如裂缝和凸起）。如果怀疑有劣化，应测量 3 个试片表面的粗糙度。GB/T 3505—2016《产品几何技术规范（GPS）表面结构轮廓法术语、定义及表面结构参数》定义的粗糙度 R_Z 应沿着至少 2.5mm 的取样长度进行测量，R_Z 不应超过 0.1mm。

6.2.2.16 电晕试验

直流输电线路避雷器电晕试验用于测试避雷器的电晕特性，从而验证避雷器串联间隙电极外形尺寸在降低噪声干扰方面设计的合理性。

避雷器电晕试验试品为整支避雷器，用肉眼、望远镜观察可见电晕，试验应在黑暗条件下进行，观测者需在黑暗条件下停留 15min 以上，以适应黑暗条件下的观测。

试验时，逐步升高施加在试品上的电压，直至观察到试品电晕的产生，维持 5min，并记录该电压作为电晕起始电压；然后逐步降低施加在试品上的电压，直至试品上的电晕消失为止，维持 5min，并记录该电压为电晕熄灭电压。上述试验重复三次，分别取其平均值作为该试品的电晕起始电压和电晕熄灭电压。具体应按照 GB/T 2317.2—2008《电力金具试验方法　第 2 部分：电晕和无线电干扰试验》第 4 条要求进行。

6.3 专用避雷器的运行维护

直流输电线路避雷器由于环境和运行工况的因素，需要定期检查和维护，这有助于避雷器的安全运行，也有益于延长避雷器的使用寿命。对于运行中的直流输电线路避雷器，需要进行定期巡视或必要检测，运行维护的主要内容如下。

1. 避雷器的通用检查与维护

（1）避雷器的主要部件（本体、间隙的电极）及附件（如放电计数器、引流线）都在安装位置。

（2）避雷器的本体外观应完整、无可见形体变形，绝缘外套应无破损、无可见明显烧蚀痕迹和异物附着。在杆塔上固定安装时，应无非正常偏斜和摆动。

（3）避雷器间隙的环形电极应无明显移位、偏移和异常摆动，无可见异物附着，环及环管应无明显变形。

（4）记录放电计数器记录的动作次数（可地面获取时）。

（5）在线路检修和绝缘子（串）更换时，应检查间隙距离。如果发现间隙距离发生变化，不再满足技术要求时，就应及时调整。

2. 避雷器抽检试验

（1）老旧线路避雷器抽检选取方法。避雷器典型的故障缺陷原因包括制造工艺不合格、密封不良导致氧化锌电阻片受潮；使用年限过长、长期运行于湿热环境造成的氧化锌电阻片老化；遭受雷击产生雷电过电压以及污秽造成氧化锌电阻片劣化。按照如下方法进行避雷器抽检筛选。

1）根据线路避雷器设备安装台账，筛选出应用年限超过 10 年及以上的避雷器，并确定应用杆塔坐标位置。

2）依据坐标分别对线路避雷器应用杆塔绘制半径 2km、至少 10 年的平均年地闪密度图，分析获得雷电活动频繁区域，优先筛选雷电幅值超过 40kA 较多区域的避雷器进行检测。

3）统计杆塔所处的地形特征，如位于山顶或跨谷的杆塔，位于沿坡地形的杆塔，位于临近湖泊、河流等水系周边的杆塔，以及左右档距大于 500m 特征的杆塔。

4）收集统计近年来线路避雷器安装杆塔大小档距内分布式行波监测装置的监测数据，筛选出线路遭受雷击次数较多但未发生跳闸的杆塔及相别。

5）结合 2）～4）条内容，采用集合的概念初步筛选出易发生动作的线路避雷器。

6）现场调研，首先选择山顶及其大小侧杆塔，临近湖泊、河流等水系周边的杆塔用避雷器开展实际动作次数统计，其次针对大档距杆塔及沿坡侧杆塔进行避雷器动作次数统计。

7）使用红外热像仪对运行中的线路避雷器本体及电气连接部位，对红外热像图显示异常温升、温差和/或相对温差较大的避雷器进行重点抽检，同时对避雷器电晕及可听噪声进行测量。

8）进一步考虑安装线路避雷器的线路与相邻线路的屏蔽效应，结合现场调研情况，对安装于杆塔内坡侧、相邻线路侧线路避雷器不建议抽检。

9）结合污区分布图，可优先选择以上位于较严重污秽等级地区的线路避雷器开展抽检。

10）宜选择存在缺陷异常运行工况，或发生过故障情况的同厂家、同批次老旧避雷器优先开展抽检工作。

（2）抽检试验项目。针对老旧线路避雷器存在局部放电超标、外绝缘老化、污秽严重、动作次数多、避雷器本体受潮等诸多问题，结合直流输电线路避雷器相关标准要求开展抽检试验检测，避雷器抽检主要试验项目包括直流参考电压试验、0.75 倍直流参考电压下漏电流试验、密封试验、局部放电试验、外观检查、憎水性检测。

（3）应用在线监测技术。正常工况条件下，通过氧化锌避雷器的漏电流幅值仅为微安级，当氧化锌电阻片存在受潮劣化时，其伏安特性将会受到明显影响，导致避雷器本体直流参考电压出现下降、漏电流幅值大幅增长、阻性电流中高次谐波的幅值和占比增大，此外，在雷击避雷器本体导通的同时，通过氧化锌电阻片的电流波形也会出现畸变。

线路避雷器常见的在线监测技术包括机械计数器监测技术和全电流波形监测技术。

1）机械计数器监测技术。机械计数器监测技术是将机械计数器安装于避

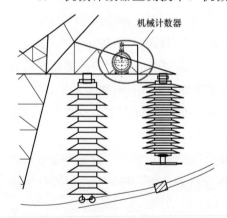

雷器泄流线上，当避雷器出现过电流动作后，引流线上的电流经装置中的充放电电路，使机械计数器动作实现计数 1 次，巡线人员通过在塔底或者登塔查看表计数值，并对比历史数值判断避雷器的状态，机械计数器监测装置安装示意图如图 6-3 所示。该技术在架空输电线路上应用较多，但仍然存在无法判断避雷器健康程度、数据查询难、实时性差、监测数据单一等缺陷。

图 6-3　机械计数器监测装置安装示意图

针对上述不足，研究人员对该技术进行了优化升级，监测端增加了信号控制管理电路，其主要功能是记录雷电流幅值、自动存储数据、无线网络传输。其中无线网络传输有两种方式，一种是对于无网络信号的线路通道，通过 2.4G 模块将数据近距离传输至手持机（小于 500m），另一种对于有网络的线路通道，通过 4G 网络将数据远距离传输至工作站，设备供电采用太阳能板和蓄电池的组

合方式，优化后的机械计数器监测技术原理如图6-4所示。

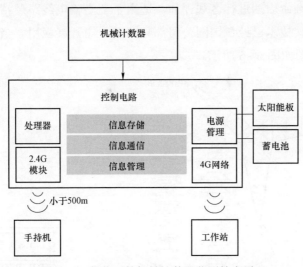

图6-4　优化后的机械计数器监测技术原理

2）　全电流波形监测技术。当线路避雷器存在故障隐患时，流过其本体的电流波形会出现一定变化，全电流波形监测技术正是利用该波形变化特征，将采集的波形信息与标准波形信息进行对比分析，从而实现对避雷器运行状态的评估诊断。全电流波形监测装置主要由传感器模块、供电模块、前端主机、手持机、工作站5部分组成（如图6-5所示），其中传感器模块用于全电流波形信息的采集与传输，采集的信息包括电流波形、幅值、极性、次数、位置、时间等；供电模块采用蓄电池和太阳能板的组合方式为主机持续供电；前端主机主要用于电源管理、数据接收与发送、信号控制与存储等；手持机主要用于没有网络信号的线路区域，通过手持机与前端主机进行近

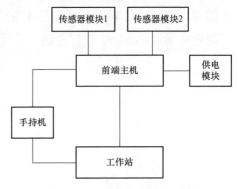

图6-5　全电流波形监测装置结构组成

距离通信，读取采集前端主机中的历史存储数据，最后拷贝或者在有网络的区域传输至工作站；工作站能够结合雷电监测系统和分布式行波监测系统采集的数据进行校核，并结合波形特征对避雷器的运行状态进行评估诊断。

该技术采用的数据传输方式包括2.4G近距离传输和4G远距离传输两种，

能够对避雷器的运行状态进行实时监测诊断，并结合避雷器材质组成和环境影响因子，对其寿命周期进行客观评估，适用于架空输电线路及站内各型避雷器的状态检测。该技术已经在国网公司部分网省公司开展应用。全电流波形监测装置安装示意图如图 6-6 所示。

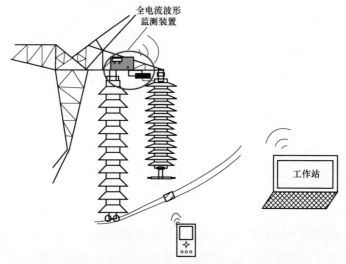

图 6-6　全电流波形监测装置安装示意图

直流输电线路避雷器作为直流输电线路最主要的雷击防护设施之一，其产品的可靠性直接影响着直流输电线路的安全稳定运行。开展避雷器试验检测是支撑避雷器设计验证、性能考核、运行维护的工作基础和重要手段。

工程实践案例

直流输电线路的雷击故障特性、防雷治理策略均与交流输电线路存在差异。本章主要阐述了单条直流输电线路及受端电网雷击故障分析思路、直流输电线路雷击风险预警过程，以及典型直流输电线路及特殊区域直流输电线路的差异化防雷评估及治理方法，并列举了相关工程实践案例。

7.1　直流输电线路雷击故障分析案例

7.1.1　故障分析流程

直流输电线路发生雷击故障后，一般按照以下流程进行分析。

1. 故障信息查询

故障信息查询主要包括以下内容：① 查看站内故障录波信息，重点查看故障线路名称、故障时间、故障极、重启情况、是否发生闭锁、故障测距等信息。② 查询雷电监测系统，查看故障时间段内故障线路区段是否有落雷，重点查看雷电极性、雷电流幅值、最近杆塔号等信息，如有雷电在故障时间、故障位置等方面与分布式行波监测系统相符，则可初步判定为雷击故障。③ 若线路安装有分布式行波监测系统，则查看该系统发出的故障信息，核对线路名称、故障时间、故障极等与故障录波信息是否一致，重点查看行波波形、故障初步诊断结果、故障杆塔号等信息。

2. 故障现场巡线

根据查询到的故障信息，查找故障区段的故障点，由于直流输电线路电弧续流时间较短，故闪络痕迹没有交流输电线路明显，应重点查询绝缘子串及其连接金具、导线的全档距段（若为大跨越则应重点查看导线档距中央）、杆塔塔头及塔身、接地引下线等部位是否有烧蚀等雷击故障痕迹，若在导线处发现闪络痕迹，则大概率为绕击故障，若在避雷线、塔身、接地引下线等位置发现闪络痕迹，则大概率为反击故障。故障点若在导线、地线的档距中央，则离故障痕迹最近的杆塔可视为雷击故障杆塔。若有条件也可询问当地居民故障发生时刻的天气情况。

3. 雷击故障分析

收集故障杆塔相关资料，主要为杆塔设计图、档距、地形地貌、接地电阻等，通过第 3 章中的 ATP/EMTP 仿真计算程序，计算出故障杆塔的绕击耐雷水平 I_2 及反击耐雷水平 I_1，通过先导发展模型或电气几何模型，计算出故障杆塔的最大绕击雷电流 I_{rmax}，一般情况下有 $I_2 < I_{rmax} < I_1$。将杆塔遭受雷击的雷电流幅值 I 与 I_1、I_2、I_{rmax} 对比，若 $I < I_2$，雷电流幅值低于绕击耐雷水平，不会造成雷击故障；若 $I_{rmax} < I < I_1$，雷电流幅值超出绕击雷电流范围，且未达到反击耐雷水平，不会造成雷击故障；若 $I_2 < I < I_{rmax}$，则为绕击故障；若 $I > I_1$，则为反击故障。不同雷电流幅值情况下故障类型的判定见表 7-1。

表 7-1　　　　　　　　不同雷电流幅值情况下故障类型的判定

序号	雷电流幅值 I 范围	故障类型
1	$I < I_2$	不会造成雷击故障
2	$I_{rmax} < I < I_1$	不会造成雷击故障
3	$I_2 < I < I_{rmax}$	绕击
4	$I > I_1$	反击

雷击故障分析流程如图 7-1 所示。若雷击故障导致直流输电系统多次重启不成功或者闭锁，则应重点考察是否由雷电多重回击或长连续电流导致。

7.1.2　常规绕击故障分析案例

1. ±500kV 直流输电线路

2020 年 8 月 9 日 5 时 43 分 53 秒 992 毫秒，某±500kV 直流输电线路极 I

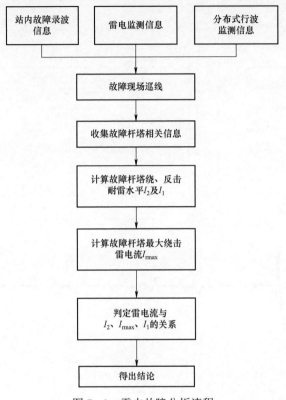

图 7-1 雷击故障分析流程

发生故障，一次全压再启动成功，故障录波测距信息表明故障杆塔区段为 998～1000 号。分布式行波监测系统信息表明，5 时 43 分 53 秒 992 毫秒，该线路极 I 发生故障，故障区段在 1000 号杆塔附近。该线路故障录波及分布式行波监测波形如图 7-2 所示。

　　雷电监测系统查询结果表明，故障时刻前后 30s 内，故障线路走廊 10km 范围内有 6 处雷电活动记录，其中序号 4 雷电发生的时间、位置与分布式行波监测系统记录及故障录波时间吻合度很高，该雷电的雷电流幅值 I 为 17.5kA，绕击雷电查询结果见表 7-2。综合以上故障查询信息，可初步判定此次故障为雷击故障。

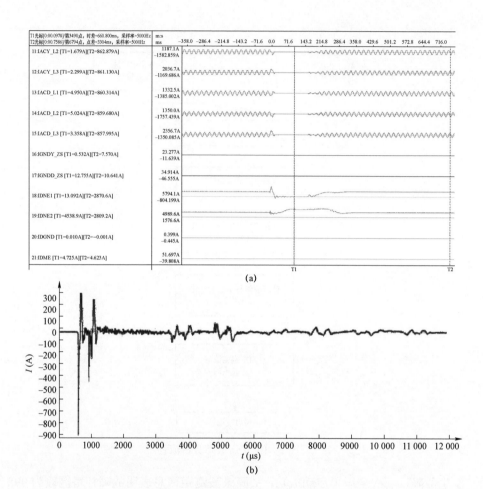

图 7-2　某±500kV 直流输电线路故障录波及分布式行波监测波形

（a）故障录波波形；（b）分布式行波监测波形

表 7-2　　　　　　某±500kV 直流输电线路绕击雷电查询结果

序号	时间	电流（kA）	定位站数	最近杆塔
1	2020-08-09 05:43:48.094	11.7	5	1089~1090 号
2	2020-08-09 05:43:48.159	10.1	4	1088~1089 号
3	2020-08-09 05:43:53.941	-37.6	40	998~1000 号
4	2020-08-09 05:43:53.992	-17.5	16	998~1001 号
5	2020-08-09 05:43:54.059	-36.0	40	1008 号
6	2020-08-09 05:43:54.171	-33.3	40	1008 号

　　根据以上故障查询信息，巡检人员前往故障杆塔现场。检查发现该线路 999 号杆塔极 I 导线侧绝缘子串、均压环以及横担侧防鸟挡板上有较明显的放电痕迹，故障杆塔位于沿坡地段，两侧档距内导线下方均为山谷。999 号杆塔故障现场情况如图 7-3 所示。

(a)　　　　　　　　　　　　　　　　　　(b)

(c)　　　　　　　　　　　　　　　　　　(d)

图 7-3　999 号杆塔故障现场情况

（a）上均压环及绝缘子串故障痕迹；（b）下均压环故障痕迹；（c）故障杆塔全景；
（d）故障杆塔所处地形地貌

在 ATP/EMTP 仿真平台中，对故障杆塔进行建模，对耐雷水平进行仿真，999 号杆塔仿真模型示意图如图 7-4 所示。得到故障杆塔极 I 绕击耐雷水平 I_2 约为 16.1kA，反击耐雷水平 I_1 约为 173kA。-17.5kA 的雷电流绕击极 I 时各极电压波形如图 7-5 所示，可以看出此时极 I 绝缘子串发生闪络。

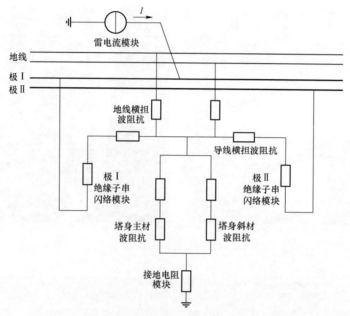

图 7-4　999 号杆塔仿真模型示意图

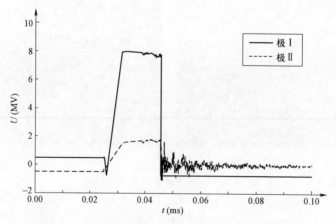

图 7-5　-17.5kA 的雷电流绕击极 I 时各极电压波形

通过分析杆塔所在处地面倾角，导线与地面、避雷线的位置关系等，利用电气几何模型，最终计算得到极Ⅰ的最大绕击雷电流 I_{rmax} 为 57kA。此时 $I_2 < I < I_{rmax}$，根据表 7-1，可以判定此次故障为绕击故障。

综合上述情况，可以复原此次故障过程：2020 年 8 月 9 日 5 时 43 分 53 秒，序号 4 的雷电绕击击中 999 号杆塔极Ⅰ导线侧绝缘子串均压环，过电压造成极Ⅰ导线短路故障，保护动作后极Ⅰ导线发生一次全压再启动并成功。

2. ±800kV 直流输电线路

2021 年 7 月 17 日 0 时 53 分 50 秒 186 毫秒，某 ±800kV 直流输电线路极Ⅰ故障重启，全压再启动成功。分布式行波监测系统显示，0 时 53 分 50 秒 186 毫秒，该线路发生雷击重启，故障极为极Ⅰ，再启动成功，位置在 2201 号杆塔和 3063 号杆塔之间，故障杆塔在 2296 号杆塔附近。该线路绕击故障分布式行波波形如图 7-6 所示。

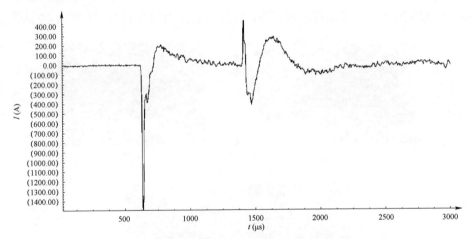

图 7-6 某 ±800kV 直流输电线路绕击故障分布式行波波形

雷电监测系统查询结果表明，故障时刻前后 1min 内，故障线路走廊 10km 范围内有 8 处雷电活动记录，其中序号 4 的雷电发生时间、位置与分布式行波监测系统记录及故障录波时间均高度吻合，该雷电的雷电流幅值 I 为 32kA，绕击雷电查询结果如表 7-3 所示。综合以上故障查询信息，可初步判定此次故障为雷击故障。

表 7-3　　　　　　　　　　某±800kV 直流输电线路绕击雷电查询结果

序号	时间	电流（kA）	回击	站数	最近杆塔
1	2021-7-17 0:53:12.043	−36.1	主放电	15	2775~2776 号
2	2021-7-17 0:53:12.113	−16.3	后续第 1 次回击	9	2775~2776 号
3	2021-7-17 0:53:12.268	−27.5	后续第 2 次回击	13	2778~2779 号
4	2021-7-17 0:53:50.186	−32	后续第 1 次回击	13	2296~2297 号
5	2021-7-17 0:53:50.244	−27.8	后续第 2 次回击	14	2296~2297 号
6	2021-7-17 0:53:50.541	−21.8	后续第 3 次回击	9	2295~2296 号
7	2021-7-17 0:53:55.205	17.3	单次回击	6	2303 号
8	2021-7-17 0:54:05.495	23.3	单次回击	3	2256~2257 号

现场巡线小组巡查至 2296 号杆塔时，发现极 I 侧杆塔端均压环、复合绝缘子串、导线端挂点金具部位有放电痕迹，2296 号杆塔故障现场情况如图 7-7 所示。

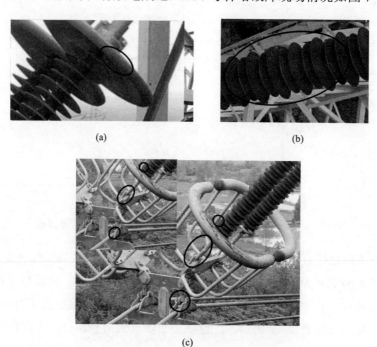

图 7-7　2296 号杆塔故障现场情况
（a）杆塔端均压环；（b）绝缘子串；（c）导线端金具串

雷击故障杆塔为 2296 号杆塔，塔型为 ZC27014，呼高 72m，故障极为极 I。故障杆塔设计接地电阻值为 15Ω，绝缘配置为双联 I 型复合绝缘子，型号为 FXBW-±800/420，结构高度 10 600mm。根据输电线路及杆塔参数，在 ATP/EMTP 中建立雷击线路仿真模型，2296 号杆塔仿真模型示意图如图 7-8 所示。

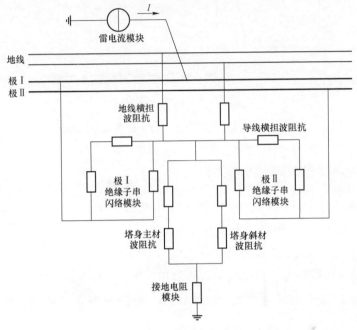

图 7-8 2296 号杆塔仿真模型示意图

经计算，该线路故障杆塔绕击耐雷水平 I_2 约为 28kA。对仿真幅值为 -32kA 的雷电流绕击极 I 导线进行仿真计算，得到的电压波形如图 7-9 所示。采用接地电阻设计值 15Ω，计算得到该线路 2296 号杆塔反击耐雷水平约为 176kA；根据接地电阻实测值 1.5Ω（A、B、C、D 腿接地电阻分别为 0.73、1.5、0.81、1.23Ω，取最大），计算得到 2296 号杆塔反击耐雷水平 I_1 约为 213kA。

通过分析杆塔所在处地面倾角，相导线与地面、避雷线的位置关系等，利用电气几何模型，最终计算得到故障相的最大绕击雷电流 I_{rmax} 为 53kA。此时有 $I_2 < I < I_{rmax}$，根据表 7-1，可以判定此次故障为绕击故障。

综合上述情况，可以复原此次故障过程：2021 年 7 月 17 日 0 时 53 分 50 秒，序号 4 的雷电绕击击中 2296 号绝缘子串均压环，过电压造成极 I 导线短路故障，保护动作后极 I 导线发生一次全压再启动并成功。

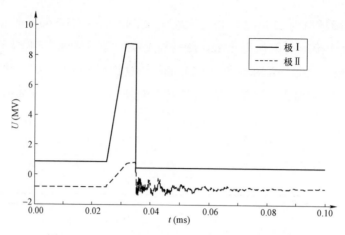

图 7-9   -32kA 的雷电绕击极 I 时各极电压波形

7.1.3   常规反击故障分析案例

2019 年 7 月 18 日 19 时 39 分 27 秒 880 毫秒，某±800kV 直流输电线路极 I 发生两次全压启动，第二次全压再启动成功，故障录波测距表明故障位于 1270 号杆塔附近。分布式行波监测系统信息表明，2019 年 7 月 18 日 19 时 39 分 27 秒 880 毫秒，该线路发生雷击故障，故障相为极 I ，位置在 1265～1274 号杆塔之间，距离 1265 号杆塔大号侧方向 2.33km，故障杆塔是 1270 号杆塔。该线路反击分布式行波波形如图 7-10 所示。

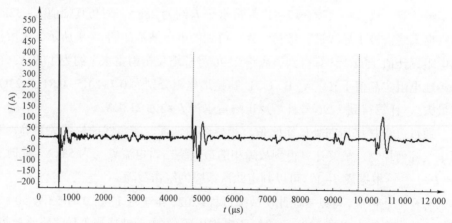

图 7-10   某±800kV 输电线路反击分布式行波波形

雷电监测系统显示，故障发生时刻前后 10s 内，该线路沿线 10km 走廊半径内共有 7 次雷电数据，反击雷电查询结果如表 7-4 所示，雷电发生时间均集中在 19 时 39 分 27 秒～19 时 39 分 32 秒，其中序号 1 雷电在时间及地点上与分布式行波监测系统信息吻合，此次雷电流幅值 I 为 487.8kA，参与定位的站数为 40 个。根据以上信息，可初步判定此次故障为雷击故障。

表 7-4　　　　　　　　某±800kV 直流输电线路反击雷电查询结果

序号	时间	电流（kA）	回击	站数	最近杆塔
1	2019-07-18 19:39:27.880	-487.8	主放电（含 4 次后续回击）	40	1268～1269 号
2	2019-07-18 19:39:28.781	-124.6	后续第 1 次回击	40	1269～1270 号
3	2019-07-18 19:39:28.814	-25.7	后续第 2 次回击	10	1270～1271 号
4	2019-07-18 19:39:28.824	-30.8	后续第 3 次回击	16	1267～1268 号
5	2019-07-18 19:39:28.850	-9.3	后续第 4 次回击	4	1269～1270 号
6	2019-07-18 19:39:29.134	-11.5	单次回击	5	1267～1268 号
7	2019-07-18 19:39:32.417	-21.4	单次回击	8	2665～2666 号

根据以上故障查询信息，巡检人员前往故障杆塔现场。现场巡视发现该线 1270 号杆塔极 I 地线横担、导线横担、引流线间隔棒、引流线均压环、管形母线均有放电痕迹，后经扩大巡视，未发现其他故障点。1270 号杆塔现场巡线情况如图 7-11 和图 7-12 所示。

图 7-11　1270 号杆塔全景

 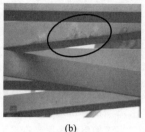 

(a) (b) (c)

图 7-12　1270 号杆塔故障放电痕迹

（a）地线横担；（b）极Ⅰ导线横担；（c）极Ⅰ引流线下间隔棒

在 ATP/EMTP 仿真平台中，对故障杆塔进行建模，对耐雷水平进行仿真，1270 号杆塔仿真模型示意图如图 7-13 所示。得到故障杆塔极Ⅰ绕击耐雷水平 I_2 约为 32.5kA，反击耐雷水平 I_1 约为 318kA。仿真幅值为 -487.8kA 的雷电流施加在极Ⅰ导线上时，各极电压波形如图 7-14 所示，可以看出此时极Ⅰ绝缘子串发生闪络。此时有 $I>I_1$，根据表 7-1，可以判定此次故障为反击故障。

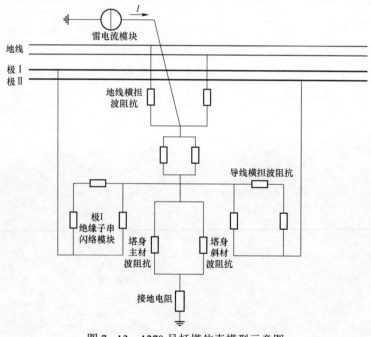

图 7-13　1270 号杆塔仿真模型示意图

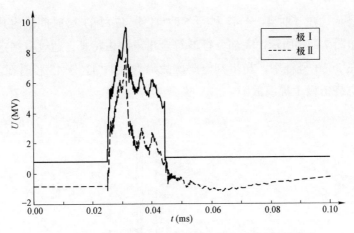

图 7-14　-487.8kA 的雷电反击极 I 时各极电压波形

　　综合上述情况，可以复原此次故障过程：2019 年 7 月 18 日 19 时 39 分 27 秒 880 毫秒，序号 1 的雷电击中 1270 号杆塔塔顶，过电压造成极 I 导线反击故障，保护动作后极 I 导线发生两次全压再启动并成功。

7.1.4　多重回击致单极闭锁故障分析案例

　　2016 年 6 月 1 日 5 时 41 分 45 秒 445 毫秒，某 ±800kV 直流输电线路极 I 线路故障，两次全压再启动不成功后极 I 闭锁。故障录波信息显示，5 时 41 分 45 秒时刻，极 I 发生了多次故障，故障录波波形如图 7-15 所示。分布式行波

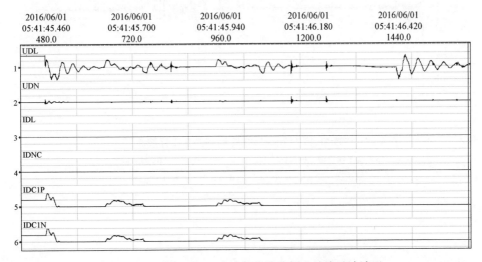

图 7-15　某 ±800kV 直流输电线路极 I 故障录波波形

监测系统显示，在5时41分45秒至5时41分47秒的2s时间段内共有9次电流行波，如图7-16所示，大部分行波符合雷电绕击特征。通过双端定位计算确定故障点在3630号杆塔，初步判定此次故障为5时41分45秒时在3630号杆塔发生雷电绕击极I导线故障。

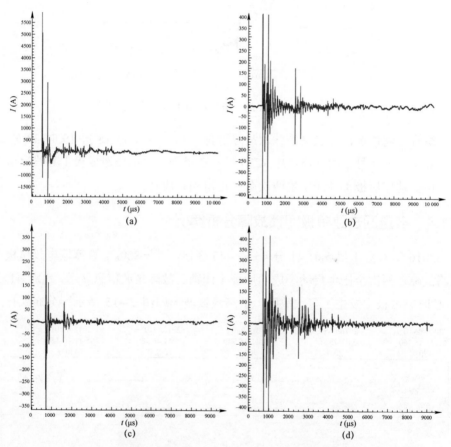

图7-16　05:41:45 至 05:41:47 监测到的9次行波波形（一）

（a）第1次行波（05:41:45.445）；（b）第2次行波（05:41:45.483）；

（c）第3次行波（05:41:45.662）；（d）第4次行波（05:41:45.737）

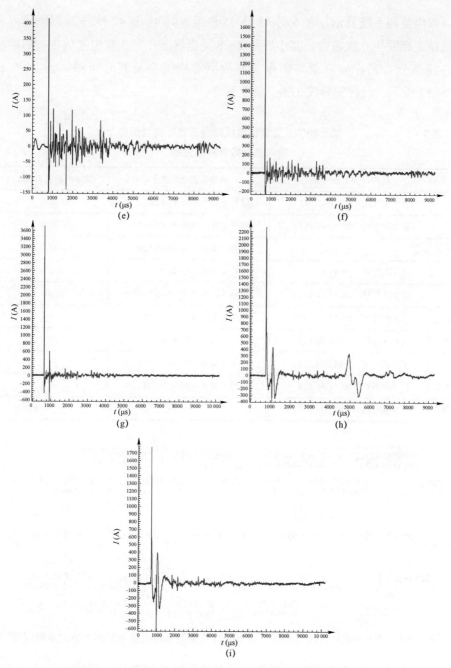

图 7-16 05:41:45 至 05:41:47 监测到的 9 次行波波形（二）

（e）第 5 次行波（05:41:45.793）；（f）第 6 次行波（05:41:46.123）；（g）第 7 次行波（05:41:46.219）；

（h）第 8 次行波（05:41:46.414）；（i）第 9 次行波（05:41:46.515）

雷电监测系统显示，在5时41分45秒至5时41分47秒的2s时间段内，该线路走廊发生9次雷击，其中序号2～8雷电属于序号1雷电主放电的后续回击，线路分布式行波监测与雷电监测数据对应关系及其时间轴如表7-5和图7-17所示，时钟差异仅1ms，甚至重合。

表7-5 　　　　　某±800kV直流输电线路分布式行波监测与
雷电监测数据对应关系

序号	线路行波监测结果	雷电监测系统结果	雷电流幅值 I（kA）
1	第1次行波（05:41:45.445）	序号1雷电（05:41:45.444）	34.7
2	第2次行波（05:41:45.483）	序号2雷电（05:41:45.482）	27.9
3	—	序号3雷电（05:41:45.528）	32.2
4	第3次行波（05:41:45.662）	序号4雷电（05:41:45.661）	32.4
5	第4次行波（05:41:45.737）	序号5雷电（05:41:45.736）	29.9
6	第5次行波（05:41:45.793）	序号6雷电（05:41:45.792）	18.4
7	第6次行波（05:41:46.123）	序号7雷电（05:41:46.123）	30.9
8	第7次行波（05:41:46.219）	序号8雷电（05:41:46.219）	23.6
9	第8次行波（05:41:46.414）	序号9雷电（05:41:46.413）	10.4
10	第9次行波（05:41:46.515）	—	—

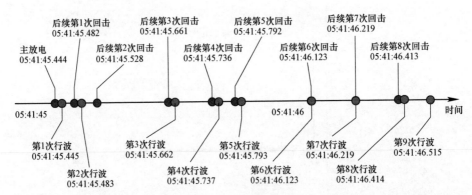

图7-17 某±800kV直流输电线路分布式行波监测与雷电监测数据对应关系时间轴

根据以上故障查询信息，巡检人员前往故障杆塔现场。现场巡视发现该线3630号杆塔极Ⅰ引流线间隔棒及跳线绝缘子串均有放电痕迹，3630号杆塔雷击闪络痕迹如图7-18所示。

(a)   (b)

图 7-18 3630 号杆塔雷击闪络痕迹

（a）引流线雷击闪络痕迹；（b）跳线绝缘子串雷击闪络痕迹

在 ATP/EMTP 仿真平台中，对故障杆塔进行建模，对耐雷水平进行仿真，3630 号杆塔仿真模型示意图如图 7-19 所示。得到故障杆塔极 I 绕击耐雷

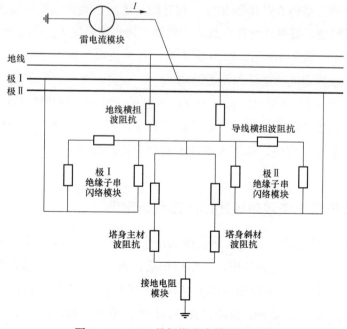

图 7-19 3630 号杆塔仿真模型示意图

水平 I_2 约为 27.2kA，反击耐雷水平 I_1 约为 295kA。仿真幅值为 −27.2kA 的雷电流施加在极 I 导线上时，各极电压波形如图 7−20 所示，可以看出此时极 I 绝缘子串发生闪络。表 7−5 中所列雷电，除了序号 6、8、9 雷电未达到耐雷水平外，其他雷电均达到故障杆塔绕击耐雷水平。

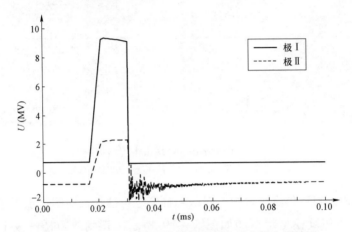

图 7−20　−27.2kA 的雷电流绕击极 I 时各极电压波形

通过分析杆塔所在处地面倾角，相导线与地面、避雷线的位置关系等，利用电气几何模型，最终计算得到故障相的最大绕击雷电流 I_{rmax} 为 63kA。表 7−5 所示的雷电中，除了序号 6、8、9 雷电外，其他雷电均满足 $I<I_2<I_{rmax}$，根据表 7−1，可以判定此次故障为绕击故障。

综合可以判断，5 时 41 分 45 秒 445 毫秒的主放电之后伴随 9 次后续回击，主放电导致极 I 故障后，第一次再启动过程中，后续回击再次击中极 I 导线，而第二次再启动过程中，弧道去游离不充分，再次遭遇后续回击，最终导致极 I 闭锁。

7.1.5　长连续电流致单极闭锁故障分析案例

2017 年 7 月 2 日 23 时 36 分 6 秒 928 毫秒，某 ±800kV 直流输电线路极 II 线路保护电压突变量保护动作，三套保护均正确动作，极 II 闭锁，故障录波波形如图 7−21 所示。从故障录波图可以看出，极 II 在故障时刻进行了多次重启。分布式行波监测系统显示，故障点距 3165 号杆塔大号侧方向 31.812km，故障杆塔为 3223 号杆塔左右一两基杆塔范围内。行波波尾时间小于 20μs，行波起始位置无反极性脉冲，初步判定为雷电绕击，长连续电流致单极闭锁故障分布式行波波形如图 7-22 所示。

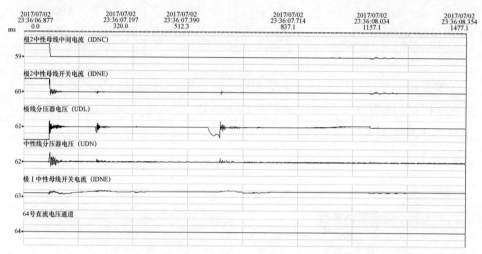

图 7-21 某±800kV 直流输电线路极 II 故障录波波形

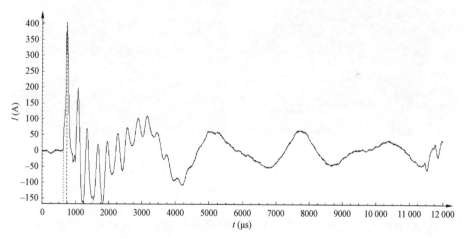

图 7-22 某±800kV 直流输电线路长连续电流致单极闭锁故障分布式行波波形

雷电监测系统显示，2017 年 7 月 2 日 23 时 36 分 6 秒前后 30s 内，线路走廊 2km 范围内仅有 1 次雷电地闪数据，长连续电流致单极闭锁雷电查询结果见表 7-6。雷电流幅值为 50.5kA，极性为正极性，参与探测站数在 40 站及以上，疑似故障杆塔位于 3224～3226 号杆塔区段。

表 7-6	某±800kV 直流输电线路长连续电流致单极闭锁雷电查询结果			
时间	电流（kA）	回击	站数	最近杆塔
2017-07-02 23:36:06.928	50.5	单次回击	40	3224~3226 号

根据以上故障查询信息，巡检人员前往故障杆塔现场。现场巡视发现该线 3224 号杆塔极 Ⅱ 小号侧跳线串绝缘子下均压环、塔腿及脚钉有放电痕迹，该杆塔未发现异物，其他部件未见明显异常。3224 号杆塔雷击闪络放电痕迹如图 7-23 所示。

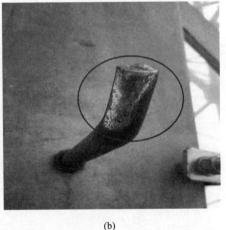

(a)　　　　　　　　　　　(b)

图 7-23　3224 号杆塔雷击闪络放电痕迹
（a）均压环放电痕迹；（b）塔脚放电痕迹

在 ATP/EMTP 仿真平台中，对故障杆塔进行建模，对耐雷水平进行仿真，3224 号杆塔仿真模型示意图如图 7-24 所示。仿真分析计算得到，极 Ⅱ 绕击耐雷水平 I_2 约为 36kA，反击耐雷水平 I_1 约为 303kA。仿真幅值为 50.5kA 的雷电流施加在极 Ⅱ 导线上时，各极电压波形如图 7-25 所示，可以看出此时极 Ⅱ 绝缘子串发生闪络。

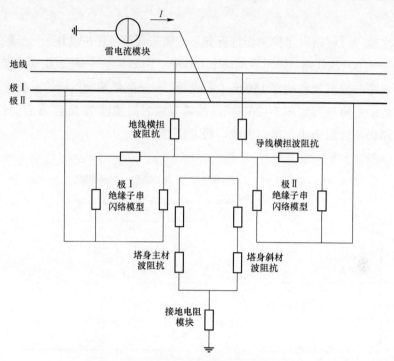

图 7-24　3224 号杆塔仿真模型示意图

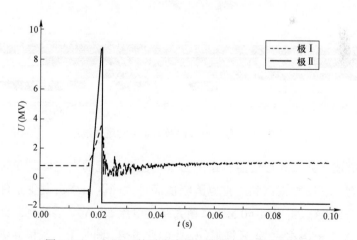

图 7-25　50.5kA 的雷电流绕击极 II 时各极电压波形

通过分析杆塔所在处地面倾角，相导线与地面、避雷线的位置关系等，利用电气几何模型，最终计算得到故障极的最大绕击雷电流 I_{rmax} 为 68kA。

50.5kA 雷电满足 $I_2 < I < I_{rmax}$，根据表 7－1，可以判断此次雷击故障为绕击故障。

此次故障过程站内保护动作情况如下：雷击线路（保护动作）——经 150ms 去游离——第一次线路故障再启动动作 150ms（不成功）——经 200ms 去游离——第二次线路故障再启动动作 150ms（不成功）——高低端阀组闭锁。整流站线路故障重启动逻辑波形如图 7－26 所示，故障延续时间超过 754ms，重启动作正确，但是线路仍未达到全压，重启失败，极Ⅱ闭锁。

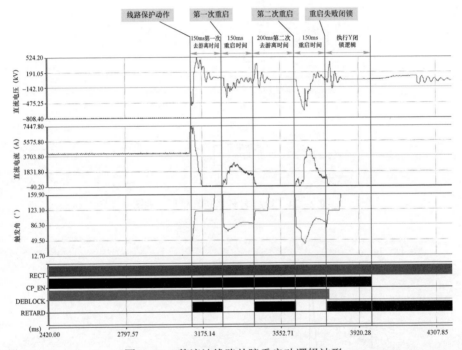

图 7－26　整流站线路故障重启动逻辑波形

综上所述，分布式行波监测系统与雷电监测系统的雷电信息在时间和位置上均非常吻合，同时查询到的雷电流幅值满足故障区段绕击发生条件（最小绕击耐雷水平 36kA＜雷电流 50.5kA＜最大绕击电流 68kA），因此判断此次故障是由于 50.5kA 雷电绕击 3224 号杆塔，造成线路重启。同时由于正极性雷电后续的连续电流时间较负极性长，容易导致去游离时间不充分，因此第二次重启时再次发生故障，导致线路闭锁。

7.2 交流侧雷击故障致直流侧换相失败分析案例

相较传统的交流输电,特高压直流输电在远距离、大容量和异步互联等方面存在优势,因而获得了快速发展,目前,特高压/超高压交、直流混联电网已逐步形成。但是交、直流混联后,交流网络与直流系统耦合,交流系统故障引发直流系统换相失败会导致输入交流系统的电流发生改变,引起系统潮流方向发生变化,对直流系统保护的运行产生影响,造成多回直流同时换相失败、闭锁等,从而使得故障波及范围更广,危害更大。由本书 1.2 内容可知,直流输电线路换相失败主要是由交流侧故障所致,此类故障分析思路与 7.1.1 类似,但研究对象变为受端交流输电线路。相比于整流侧,逆变侧为了保证较高的传输效率,换流阀熄弧的设计时间较短,在故障后容易出现熄弧时间不够的情况,所以换相失败往往发生在逆变侧,即受端电网。

7.2.1 案例 1

2020 年 7 月 28 日 13 时 34 分 26 秒 502 毫秒,某 500kV 交流输电线路第一、二套主保护动作,开关跳闸重合成功。故障录波显示 A 相(上相)故障。此次故障造成临近 ±800kV 直流输电线路换相失败一次、两条 ±500kV 直流输电线路各换相失败一次。案例 1 中受端电网交流输电线路与直流输电线路位置示意图如图 7-27 所示。

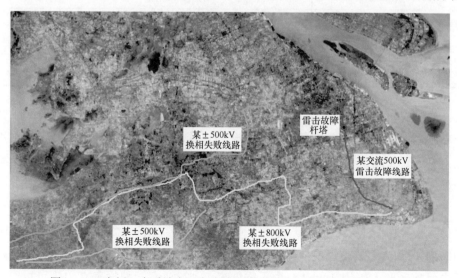

图 7-27 案例 1 中受端电网交流输电线路与直流输电线路位置示意图

该区域故障时段为雷暴天气，雷电监测系统显示 13 时 34 分时，线路 5km 附近共有 13 次落雷，在 34～35 号杆塔 1164m 附近监测到−25.5kA 的负极性雷电流，如表 7−7 中序号 3 雷电所示，此雷电的时间和地点与故障发生时间和交流线路故障杆塔位置完全吻合，是造成附近直流输电线路换相失败的雷电。

表 7−7　　　　　　　　　　换相失败案例 1 雷电查询结果

序号	时间	电流（kA）	回击	站数	距离（m）	最近杆塔
1	2020−07−28 13:34:26.461	−3.7	主放电 （含 11 次后续回击）	7	405	34～35 号
2	2020−07−28 13:34:26.502	−28.7	主放电 （含 3 次后续回击）	3	584	31～32 号
3	2020−07−28 13:34:26.502	−25.5	后续第 1 次回击	23	1164	34～35 号
4	2020−07−28 13:34:26.535	−3.2	后续第 2 次回击	2	4813	51～52 号
5	2020−07−28 13:34:26.569	−26.2	后续第 3 次回击	15	1375	23～24 号
6	2020−07−28 13:34:26.666	−38.8	后续第 1 次回击	6	2712	36～37 号
7	2020−07−28 13:34:26.666	−39.0	后续第 6 次回击	27	4673	36 号
8	2020−07−28 13:34:26.709	−12.0	后续第 7 次回击	11	876	25～26 号
9	2020−07−28 13:34:26.846	−49.2	后续第 8 次回击	32	559	24～25 号
10	2020−07−28 13:34:26.846	−61.7	后续第 2 次回击	9	2063	22～23 号
11	2020−07−28 13:34:26.899	−4.0	后续第 9 次回击	7	326	24～25 号
12	2020−07−28 13:34:26.943	−47.1	后续第 3 次回击	8	935	26～27 号
13	2020−07−28 13:34:26.943	−42.5	后续第 10 次回击	25	796	22～23 号

检修公司特巡人员接到通知后立即开展故障特巡。当地群众反映，13 时 30 分左右看见 35 号杆塔上有落雷并出现一团火球，当时为雷暴天气。特巡人员用无人机巡查发现 35 号杆塔导线有明显的闪络痕迹，且导线挂点处绝缘子上也有明显的闪络痕迹，最终确定故障点为 35 号杆塔。

在 ATP/EMTP 仿真平台中，对故障杆塔建模，进行耐雷水平仿真，35 号杆塔仿真模型如图 7−28 所示。得到不同相角下故障杆塔 A 相绕击耐雷水平，平均约为 17.4kA。耐雷性能分析结果表明，最大绕击雷电流 I_{rmax} 约为 37.55kA，反击耐雷水平 I_1 约为 148kA，由于雷电流 $I_2<I<I_{rmax}$，根据表 7−1，可以得到

此次雷击故障类型为绕击。500kV 交流输电线路遭受雷电绕击而跳闸，引起邻近 ±500kV 和 ±800kV 输电线路换相失败。

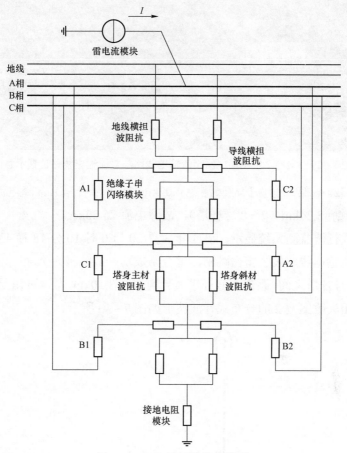

图 7-28 35 号杆塔仿真模型

7.2.2 案例 2

2021 年 3 月 20 日 0 时 10 分 18 秒 431 毫秒，某 500kV 交流输电线路 A 相故障跳闸，重合闸重合成功，该时间段现场为雷雨天气。故障造成与该交流输电线路临近的某 ±800kV 直流输电线路发生换相失败。案例 2 中受端电网交流输电线路与直流输电线路位置示意图如图 7-29 所示。

变电站两套保护正确动作，第一套保护故障测距 3.7km（7～8 号杆塔），故

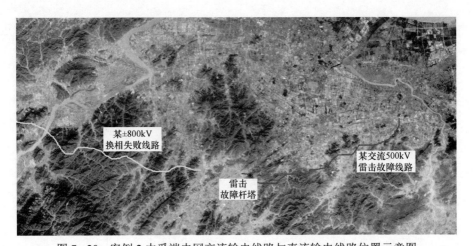

图 7-29　案例 2 中受端电网交流输电线路与直流输电线路位置示意图

障电流 22.72kA，第二套保护故障测距 4.02km（7～8 号杆塔），故障电流 19.76kA，故障录波测距 3.24km（7～8 号杆塔），故障电流 25.22kA。

分布式行波监测系统显示，2021 年 3 月 20 日 0 时 10 分 18 秒 431 毫秒，该 500kV 交流输电线路发生雷击跳闸，重合闸成功，故障极为 A 相，位置在 1 号杆塔和 54 号杆塔之间，距离 1 号杆塔大号侧方向 3.10km，故障杆塔是 8 号杆塔。直流侧换相失败案例 2 的分布式行波波形如图 7-30 所示。

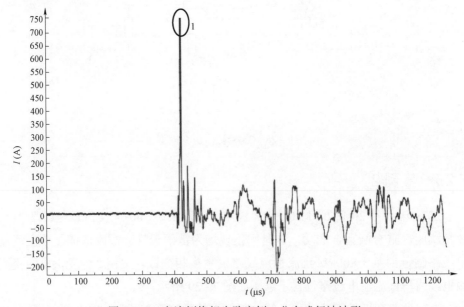

图 7-30　直流侧换相失败案例 2 分布式行波波形

雷电监测系统显示，故障时间点前后 1min 内，故障线路周边范围 5km 内有 6 处雷电活动记录，其中序号 1 雷电幅值 I 为−30.6kA，其发生时间、地点与分布式行波监测信息完全吻合，是造成此次故障的雷电，换相失败案例 2 雷电查询结果如表 7−8 所示。

表 7−8　　　　　　　　　　　换相失败案例 2 雷电查询结果

序号	时间	电流（kA）	定位站数	最近杆塔
1	2021−03−20 00:10:18.431	−30.6	40	8～9 号
2	2021−03−20 00:11:01.932	−5.5	3	11～12 号
3	2021−03−20 00:11:01.946	−109.8	40	14～15 号
4	2021−03−20 00:11:01.976	−26.4	25	13～14 号
5	2021−03−20 00:11:01.985	−9.0	7	13～14 号
6	2021−03−20 00:11:05.070	265.4	40	4 号

无人机巡视及人工登塔查明，8 号杆塔 A 相（中相）大号侧导线端均压环及玻璃绝缘子、铁帽上均有闪络放电痕迹。现场接地电阻测量值为 0.775Ω，满足设计值要求。8 号杆塔雷击闪络放电痕迹如图 7−31 所示。

(a)　　　　　　　　　　　　　　　　(b)

图 7−31　8 号杆塔雷击闪络放电痕迹
（a）杆塔全貌；（b）绝缘子串放电痕迹

8 号杆塔为双回路耐张杆塔，雷击故障极为 A 相（中相），保护角为−0.013°。经计算，反击耐雷水平为 288.4kA。根据雷电监测系统显示，故障时刻 8 号杆塔周围最大雷电流为−30.6kA，远小于反击耐雷水平，因此排除本次雷击故障雷电反击的可能。

8 号杆塔位于山顶，且两侧均为深沟，地面倾角 45° 左右，采用电气几何模型计算，得出 A 相绕击危险电流区间为 21.4～136.5kA。故障雷电流（序号 1 雷电）处于雷电绕击范围，具备发生雷电绕击的可能性。

根据现场 8 号杆塔闪络放电痕迹，并结合雷击定位数据、故障录波测距结果及分布式行波监测装置等相关信息，判断此次故障由雷电绕击引起。该线路绕击跳闸引起邻近±800kV 直流输电线路换相失败。

7.3　直流输电线路雷击风险预警案例

线路雷击风险预警分析思路：相关人员收到线路预警信息后，应登录预警系统，密切观察预警区段动态变化，特别是红色预警区段，同时登录雷电监测系统，查看预警线路周边区域雷电实时活动情况，与预警系统中的高风险区段进行对比。运维人员可以根据雷电监测及预警信息，提前有针对性地安排现场运维检修工作，做好应急预案，并尽可能减少雷击故障恢复时间，确保电网安全稳定运行。① 黄色预警时，表明在该杆塔区段未来30min 内存在遭受雷击可能，此时应通知对应辖区运维班组密切关注天气情况及雷电预警信息，合理安排运维检修工作，做好应急准备。② 橙色预警时，表明该杆塔区段雷击危险已经临近，此时所在辖区运维班组应重点关注实时推送的预警信息，制订好相应的运维应急措施。③ 红色预警时，表示该杆塔区段内已经发生雷击活动，雷击风险较大，运维班组应实时监控线路雷击环境与运行情况，一旦发现故障，立即报送故障信息，并在雷暴过境风险降低后，及时开展故障分析与应急抢险工作。

2017 年 3 月 19 日 23 时 40 分至次日 0 时 40 分，预警系统对某±800kV 直流输电线路持续发出雷电红色、橙色预警，雷电预警信息见表 7-9。其中在1091～1098 号杆塔区段，20min 内持续发出 3 次红色预警，在 3 月 20 日 0 时 10分后，解除红色预警，改为橙色预警，半小时后解除橙色预警改为黄色预警，预警系统发布该线路雷电预警信息如图 7-32～图 7-35 所示。

表 7-9 雷 电 预 警 信 息

预警发布时间	雷电预警时间	红色预警杆塔区段	橙色预警杆塔区段	备注
2017-03-19 23:40	2017-03-19 23:40~2017-03-20 00:10	1091~1098 号	—	首次发布红色预警（见图 7-32）
2017-03-19 23:50	2017-03-19 23:50~2017-03-20 00:20	1091~1098 号	1099~1108 号	继续发布红色预警（见图 7-33）
2017-03-20 00:00	2017-03-20 00:00~2017-03-20 00:30	1091~1098 号	1099~1129 号	继续发布红色预警（见图 7-34）
2017-03-20 00:10	2017-03-20 00:10~2017-03-20 00:40	—	1091~1149 号	解除发布红色预警，后续仅橙色预警（见图 7-35）
2017-03-20 00:20	2017-03-20 00:20~2017-03-20 00:50	—	1091~1129 号	无红色预警
2017-03-20 00:30	2017-03-20 00:30~2017-03-20 01:00	—	1263~1285 号	无红色预警
2017-03-20 00:40	2017-03-20 00:40~2017-03-20 01:20	—	—	无红色、橙色预警

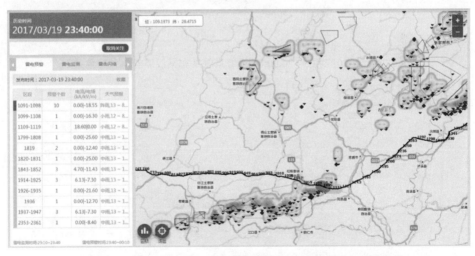

图 7-32　2017-03-19 23:40 预警系统发布某线路雷电预警信息

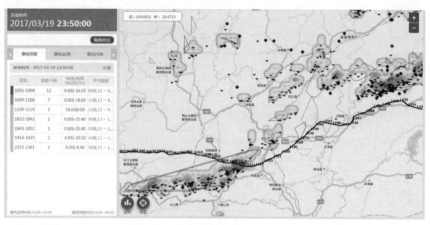

图 7-33　2017-03-19 23:50 预警系统发布某线路雷电预警信息

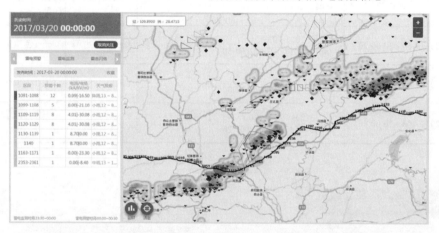

图 7-34　2017-03-20 00:00 预警系统发布某线路雷电预警信息

图 7-35　2017-03-20 00:10 预警系统发布某线路雷电预警信息

2017 年 3 月 20 日 0 时 8 分 29 秒，该线路发生故障，随后极 I 两次全压再启动成功，故障区段大致为 1261～1262 号杆塔。分布式行波监测系统信息显示，2017 年 3 月 20 日 0 时 8 分，线路发生雷击重启，雷击性质为绕击，位置在 1174 号杆塔至 1370 号杆塔之间，距离 1174 号杆塔大号侧方向 37.923km，故障杆塔为 1251 号杆塔。雷电监测系统显示，3 月 20 日该线路故障重启前后共 10min 内，线路走廊 5km 范围内共计落雷 40 个，落雷区段主要集中在 1148～1264 号杆塔，故障时段线路实际落雷情况如图 7-36 所示。其中故障时刻前后 1min，线路 5km 范围内实际落雷情况如表 7-10 所示。经对比分析可得，雷电预警信息与故障时间段雷电实时监测的时间、地点等信息高吻合度，结合故障发生的准确时间，可以得到序号 6 雷电与故障的时间、地点高度吻合，故判定此次故障由雷击造成。

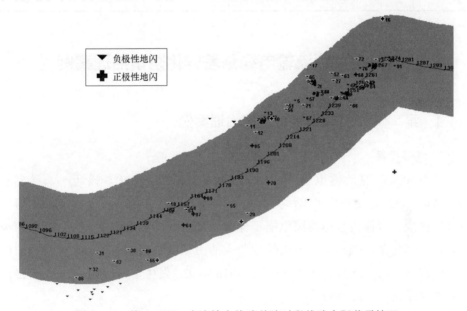

图 7-36　某±800kV 直流输电线路故障时段线路实际落雷情况

表 7-10　　　　　某±800kV 直流输电线路故障时段落雷情况一览表

序号	时间	雷电流幅值（kA）	最近杆塔
1	2017－03－20 00:07:23.965	3.2	1253～1254 号
2	2017－03－20 00:07:47.779	－7.0	1156～1157 号
3	2017－03－20 00:07:48.113	－21.0	1157～1158 号

续表

序号	时间	雷电流幅值（kA）	最近杆塔
4	2017 – 03 – 20 00:07:58.504	– 14.5	1229～1230 号
5	2017 – 03 – 20 00:08:29.927	– 22.8	1252～1253 号
6	2017 – 03 – 20 00:08:29.966	– 29.6	1252～1253 号
7	2017 – 03 – 20 00:08:29.990	– 7.5	1254～1255 号
8	2017 – 03 – 20 00:08:44.474	– 31.6	1257～1258 号
9	2017 – 03 – 20 00:09:06.560	– 13.2	1251 号
10	2017 – 03 – 20 00:09:12.902	– 11.9	1222～1223 号

7.4 典型直流输电线路差异化防雷治理案例

7.4.1 某±500kV 直流输电线路治理案例

1. 线路概况

某±500kV 直流输电线路全长 940km，于 2004 年 2 月投运，输送容量 3000MW。该线路走廊内有重污区、重冰区、多雷区、多竹区、不良地质区等诸多特殊区段。区段内输电线路纵横延伸，地处旷野，穿越平原、大山区或跨越江河，地形复杂，线路多处于山坡倾角大的山顶或跨越水库和道路等，因而极易遭受雷击。该线路自 2004 年投运至 2018 年底，发生雷击故障 25 次，雷击重启率占该线路总重启率的 40% 以上。

2. 雷击风险评估

按照雷电绕击和雷电反击分类，该线路 25 次雷击故障全部为雷电绕击故障，无雷电反击故障。对该线路典型杆塔进行耐雷水平分析可知，因绝缘子串长超过 5.5m，反击耐雷水平超过 150kA，故发生雷电反击的概率较低。而线路绕击耐雷水平却较低，约为 18kA，因此雷电绕击是该线路雷击故障的主要原因。

在 25 次雷击故障中，极 I 故障 21 次，占 84%，极 II 故障 4 次，占 16%。可见，直流输电线路雷击故障的极性效应非常明显，该线路雷击重启记录见表 7–11。

表 7-11　　　　　　　某±500kV 直流输电线路雷击重启记录

序号	日期	故障杆塔	故障极	雷击形式
1	2004-05-28	2238 号	极Ⅰ	绕击
2	2004-07-07	2089 号	极Ⅱ	绕击
3	2004-07-07	2212 号	极Ⅰ	绕击
4	2004-08-11	1984 号	极Ⅰ	绕击
5	2005-05-02	1818 号	极Ⅰ	绕击
6	2005-07-26	1689 号	极Ⅰ	绕击
7	2006-04-15	2029 号	极Ⅱ	绕击
8	2006-05-26	2206 号	极Ⅰ	绕击
9	2006-06-18	1627 号	极Ⅰ	绕击
10	2006-08-11	1829 号	极Ⅰ	绕击
11	2007-04-23	2212 号	极Ⅰ	绕击
12	2007-07-24	2278 号	极Ⅰ	绕击
13	2007-08-13	1976 号	极Ⅰ	绕击
14	2008-05-05	2299 号	极Ⅰ	绕击
15	2008-06-07	1899 号	极Ⅰ	绕击
16	2008-08-10	2222 号	极Ⅱ	绕击
17	2009-05-21	2264 号	极Ⅰ	绕击
18	2009-09-21	2269 号	极Ⅰ	绕击
19	2012-04-12	2044 号	极Ⅰ	绕击
20	2012-04-27	2149 号	极Ⅰ	绕击
21	2012-07-22	1443 号	极Ⅰ	绕击
22	2012-08-13	1642 号	极Ⅰ	绕击
23	2016-05-30	2023 号	极Ⅰ	绕击
24	2016-08-11	415 号	极Ⅰ	绕击
25	2018-07-02	2029 号	极Ⅱ	绕击

现以该线路 2001～2400 号杆塔区段为例，进行雷击风险评估及防雷治理方案制订。通过对该线路区段雷电活动进行分析，得知该区段均属于 C1 级及以上多雷区，该线路某区段的地闪密度值如表 7-12 所示。

表 7-12　　　　　某±500kV 直流输电线路某区段的地闪密度值

线路区段	有雷日	有雷小时（h）	地闪总数	正极性数	负极性数	地闪密度 [次/（km²·a）]
2001～2080 号	82	229	6275	327	5948	10.993
2081～2160 号	80	225	5922	313	5609	9.876
2161～2240 号	85	244	6470	338	6132	11.594
2241～2320 号	89	254	6996	302	6694	14.048
2320～2400 号	85	253	6482	288	6194	11.287

该线路的雷击重启率考核指标为 0.14 次/（百公里·年），该线路区段平均年地闪密度为 11.56 次/（km²·a），根据 Q/GDW 11452—2015《架空输电线路防雷导则》中公式（6）计算得到，该线路沿线对应的雷击重启率指标值为 0.582 次/（百公里·年）。由运行经验可知，绕击闪络对于该线路区段的正常运行影响更大，在雷击闪络风险评估时，绕击重启率指标取总重启率指标的 90%、反击重启率指标取 10%，因此将该线路绕击重启率指标值定为 0.524 次/（百公里·年），反击重启率指标值定为 0.058 次/（百公里·年），该线路雷击闪络风险评估等级划分指标见表 7-13。

表 7-13　　　　某±500kV 直流输电线路雷击闪络风险评估等级划分指标

绕击重启率	$P_r<0.262$	$0.262{\leqslant}P_r<0.524$	$0.524{\leqslant}P_r<0.786$	$P_r{\geqslant}0.786$
风险等级	A	B	C	D
反击重启率	$P_r<0.029$	$0.029{\leqslant}P_r<0.058$	$0.058{\leqslant}P_r<0.087$	$P_r{\geqslant}0.087$
风险等级	A	B	C	D
雷击重启率	$P<0.291$	$0.291{\leqslant}P<0.582$	$0.582{\leqslant}P<0.873$	$P{\geqslant}0.873$
风险等级	A	B	C	D

该线路区段各基杆塔雷击重启率计算结果如图 7-37 所示，不同雷击闪络风险等级的杆塔数量分布如图 7-38 所示。雷击闪络风险等级为 A、B、C、D 的杆塔数量比例为 18.2%、25.3%、32.5%、24.0%，即有 43.5% 的杆塔具有相对较好的防雷性能，有 56.5% 的杆塔防雷性能不理想，雷击闪络风险很高。

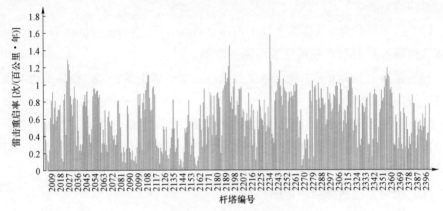

图 7-37　某±500kV 直流输电线路区段各基杆塔雷击重启率计算结果

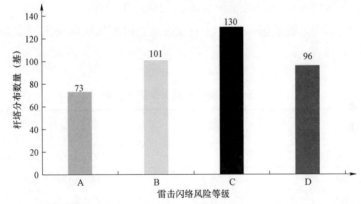

图 7-38　某±500kV 直流输电线路区段不同雷击闪络风险等级的杆塔数量分布

3. 差异化防雷改造方案

以雷害风险评估结果和雷区分布图为基础，结合《架空输电线路差异化防雷工作指导意见》和《输电线路差异化防雷改造指导原则》编制防雷改造方案。在该线路上常用的防雷治理措施，主要有接地改造、减小保护角和安装避雷针等。但在山区、落雷密集区域及土壤电阻率较高的地区，其效果受到限制。运行经验表明，装设避雷器是目前线路防雷最有效的手段，而且直流输电线路避雷器的应用已经非常成熟，因此，结合前期评估结果，运维单位采用了安装直流输电线路避雷器的措施，安装原则如下：

（1）一般情况下安装在极Ⅰ侧。

（2）应优先选择雷害风险评估结果中风险等级最高或雷区等级最高的杆塔安装线路避雷器。

（3）雷区等级处于 C2 级及以上的山区线路，在大档距（600m 以上）杆塔、耐张转角塔及其前后直线塔安装线路避雷器。

（4）雷区等级处于 C1 级及以上且坡度在 25°以上的杆塔，在其外边坡侧边相安装线路避雷器。

（5）雷区等级处于 C1 级及以上的变电站、发电厂进出线段（2km 范围）以及山区线路，若杆塔接地电阻为 20～100Ω 且改善接地电阻困难也不经济的杆塔安装线路避雷器。

（6）历史雷击故障点附近的杆塔。

（7）处于大跨越、垭口、山顶、边坡、跨水系和峡谷等特殊地形的杆塔。

（8）塔高超过 40m，且处于附近地区制高点的杆塔。

根据上述原则，通过雷害风险评估及筛选，得到该线路避雷器安装位置（部分），如表 7-14 所示。

表 7-14　　　某±500kV 直流输电线路避雷器安装位置（部分）

序号	杆塔编号	安装数量（套）	安装位置	备注
1	2192	2	极Ⅰ、极Ⅱ	极Ⅱ发生过两次雷击故障
2	2234	1	极Ⅰ	雷害风险等级较高
3	2235	1	极Ⅰ	塔高较高，容易遭受雷击
4	2248	1	极Ⅰ	属于大档距杆塔
5	2249	1	极Ⅰ	位于山顶，属于典型的易绕击地形

4. 工程设备安装实施

根据该线路雷电活动的特点和线路具体情况，结合差异化防雷改造方案，选择加装±500kV 直流输电线路避雷器作为防雷措施。截至 2019 年，该线路已累计安装直流输电线路避雷器 300 余套。该线路避雷器在直线、耐张杆塔安装图如图 7-39 所示。

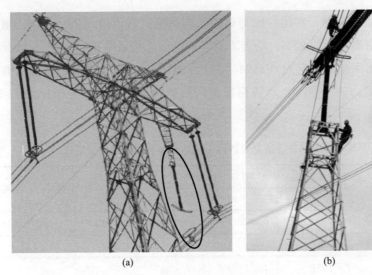

图 7-39 某±500kV 直流输电线路避雷器在直线、耐张杆塔安装图

(a) 直线塔;(b) 耐张塔

5. 实施效果评价

2014 年，6 套直流输电线路避雷器在该线路首次应用，经过一个雷雨季节的运行，6 套避雷器总计动作 40 次，其中该线路 2192 号杆塔极Ⅰ侧动作 1 次、极Ⅱ侧动作 13 次，2234 号杆塔极Ⅰ侧动作 2 次，2248 号杆塔极Ⅰ侧动作 11 次，2249 号杆塔极Ⅰ侧动作 13 次。已安装避雷器杆塔均未发生雷击闪络故障。上述情况表明，避雷器起到了较好的保护作用，效果良好。

7.4.2 某±800kV 直流输电线路治理案例

1. 线路概况

某±800kV 直流输电线路某区段，共 260 基杆塔，为单回线路。杆塔类型方面，有耐张转角塔 85 基，占杆塔总数的 32.69%；地貌方面，沿坡占 79.38%，山顶占 17.12%，山谷占 3.50%，主要位于沿坡；地形方面，平原占 43.19%，丘陵占 39.30%，山区占 17.51%，主要分布在平原；档距分布方面，大档距杆塔共 60 基，占 23.08%；除安装 2 条避雷线外，无其他防雷措施。

2. 雷击风险评估

该线路区段平均年地闪密度值为 4.6643 次/（km² · a），因此该线路区段沿线对应的雷击重启率指标值为 0.1678 次/（百公里 · 年）。由运行经验可知，绕击闪络对于该线路的正常运行影响更大，在雷击闪络风险评估时，绕击重启率指标取总重启率指标的 95%，反击重启率指标取总重启率指标的 5%，因此将该线路绕击重启率指标值定为 0.1594 次/（百公里·年），反击重启率指标值定为 0.0084 次/（百公里·年），该线路雷击闪络风险评估等级划分指标如表 7-15 所示。

表 7-15　　某±800kV 直流输电线路雷击闪络风险评估等级划分指标

绕击重启率	$P_r<0.0797$	$0.0797{\leqslant}P_r<0.1594$	$0.1594{\leqslant}P_r<0.2391$	$P_r{\geqslant}0.2391$
风险等级	A	B	C	D
反击重启率	$P_f<0.0042$	$0.0042{\leqslant}P_f<0.0084$	$0.0084{\leqslant}P_f<0.0126$	$P_f{\geqslant}0.0126$
风险等级	A	B	C	D
雷击重启率	$P<0.0839$	$0.0839<P<0.1678$	$0.1678{\leqslant}P<0.2517$	$P{\geqslant}0.2517$
风险等级	A	B	C	D

针对±800kV 直流输电线路，反击耐雷水平 I_1 一般超过 280kA，而大于此雷电流幅值的雷电占比极小，即反击风险极低，故一般只需考虑绕击闪络风险即可。该区段逐基杆塔绕击重启率计算结果如图 7-40 所示，该区段不同绕击闪络风险等级的杆塔数量分布如图 7-41 所示。绕击闪络风险等级为 A、B、C、D 的杆塔数量比例分别为 29.18%、20.23%、34.24%、16.34%，即有 49.42% 的杆塔具有相对较好的绕击防雷性能，有 50.58% 的杆塔绕击防雷性能不理想，绕击闪络风险很高。

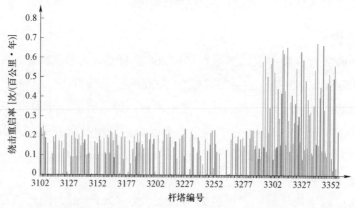

图 7-40　某±800kV 直流输电线路区段逐基杆塔绕击重启率计算结果

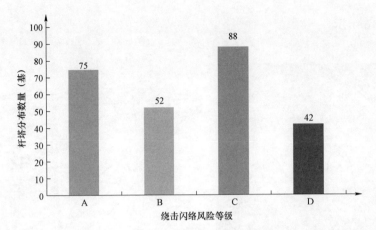

图 7-41　某±800kV 直流输电线路区段不同绕击闪络风险等级的杆塔数量分布

3. 差异化防雷改造方案

根据差异化防雷评估选出的高风险安装杆塔，同时因自然界中雷电以负极性为主，正极绕击重启率明显高于负极，因此综合设备安装经济性考虑，实施安装改造的杆塔，一般会选取其正极一侧安装直流输电线路避雷器。

根据线路雷击风险评估结果及影响雷击重启线路特征、地形地貌等因素，确定需进行防雷改造杆塔的范围及改造原则如下：

（1）绕击闪络风险等级为 C 或 D 的大档距直线塔及其相邻杆塔。

（2）绕击闪络风险等级为 C 或 D，且地处山顶的直线塔及其相邻杆塔。

（3）绕击闪络风险等级为 C 或 D 的剩余直线塔及其相邻杆塔。

（4）绕击闪络风险等级为 C 或 D 的转角塔及其相邻杆塔。

4. 工程设备安装实施

±800kV 直流输电线路避雷器典型安装方式主要包括绝缘子斜拉式和支柱式安装，某±800kV 直流输电线路避雷器现场安装图如图 7-42 所示。

5. 实施效果评价

2016 年，世界首台±800kV 直流输电线路避雷器在该线路挂网试运行。2016～2017 年，逐步扩大应用范围，目前该线路已安装直流输电线路避雷器超过 200 支，且运行情况良好，防雷效果显著。以该线路某区段为例，2016 年安装避雷器后，截至 2020 年 12 月，避雷器共动作 265 次。该线路雷击重启率由2017 年的 0.1211 次/（百公里·年）下降至 2020 年的 0.0605 次/（百公里·年），其中安装避雷器的杆塔均未发生雷击重启。该线路改造杆塔信息列表（部分）

如表 7-16 所示。

图 7-42　某±800kV 直流输电线路避雷器现场安装图

（a）支柱式安装；（b）斜拉式安装

表 7-16　　　　某±800kV 直流输电线路改造杆塔信息列表（部分）

序号	杆塔编号	安装数量（套）	安装位置	备注
1	3312	1	极 I	属于大档距杆塔
2	3315	1	极 I	塔高较高，容易遭受雷击
3	3324	1	极 I	位于山顶，属于典型的易绕击地形
4	3345	1	极 I	雷害风险等级较高

7.5　特殊区域直流输电线路差异化防雷治理案例

7.5.1　沿海地区线路

研究结果表明，沿海地区与内陆地区雷电参数特征存在一定差异。在有利的情况下，沿海滩涂地区特殊的地理条件具有"局地锋区"的效果，海岸地区的温差与海陆风的局地辐合有利于雷电灾害对流性系统的加强。同时，沿海地区空气湿度高、盐密大，空气中的导电离子含量高，空气击穿场强较低，容易发生雷电地闪，故雷电活动频繁，但雷电流幅值普遍偏小。此外，沿海地区空气湿度高、盐密大，对直流输电线路外绝缘会产生不利的影响，极易遭受雷击重启，因此沿海地区是雷击重启事故的多发区域。

　　某±800kV 直流输电线路的沿海区段，管段全长 112.89km，共 257 基杆塔。在地貌上，沿坡占 62.26%，山顶占 21.79%，山谷占 15.95%，该线路区段主要位于沿坡。±800kV 直流输电雷击重启率考核指标为 0.1 次/（百公里·年），该线路区段年平均地闪密度为 4.7331 次/（km² · a），对应的雷击重启率指标值为 0.1703 次/（百公里·年）。由该地区雷电活动特征及相关运行经验可知，绕击闪络对于该线路的正常运行影响更大，在雷击闪络风险评估时，绕击重启率指标取总重启率指标的 95%，反击重启率指标取 5%，因此将绕击重启率指标值定为 0.1617 次/（百公里·年），反击重启率指标值定为 0.0085 次/（百公里·年）。该线路雷击闪络风险评估等级划分指标如表 7–17 所示。

表 7–17　　典型沿海地区某±800kV 直流输电线路雷击闪络风险
评估等级划分指标

绕击重启率	$P_r<0.0809$	$0.0809{\leqslant}P_r<0.1617$	$0.1617{\leqslant}P_r<0.2426$	$P_r{\geqslant}0.2426$
等级	A	B	C	D
反击重启率	$P_f<0.0043$	$0.0043{\leqslant}P_f<0.0085$	$0.0085{\leqslant}P_f<0.0128$	$P_f{\geqslant}0.0128$
等级	A	B	C	D
雷击重启率	$P<0.0851$	$0.0851{\leqslant}P<0.1703$	$0.1703{\leqslant}P<0.2554$	$P{\geqslant}0.2554$
等级	A	B	C	D

　　该线路区段逐基杆塔绕击重启率计算结果如图 7–43 所示，该线路区段不同绕击闪络风险等级杆塔分布如图 7–44 所示。绕击闪络风险等级为 A、B、C、D 的杆塔数量比例分别为 27.63%、24.12%、12.45%、35.8%，即有 51.75% 的杆塔具有相对较好的绕击防雷性能，有 48.25% 的杆塔绕击防雷性能不理想，绕击闪络风险很高。

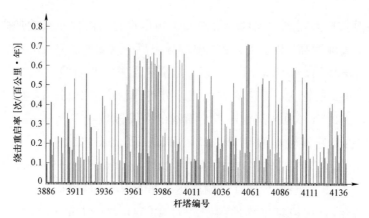

图 7-43 典型沿海地区某±800kV 直流输电线路区段逐基杆塔绕击重启率计算结果

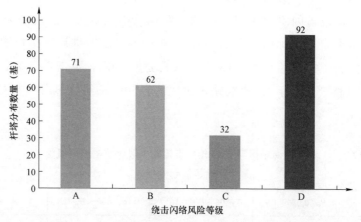

图 7-44 典型沿海地区某±800kV 直流输电线路区段不同绕击闪络风险等级杆塔分布图

  沿海地区雷电活动特点表明,该地区雷电活动频繁,地闪密度较高,故高风险杆塔数量占比较高。综合以上分析,针对沿海地区线路,应增加线路避雷器安装数量,重点对绕击进行防护,且尽量在极Ⅰ相位进行安装。该线路采用在绕击风险为 C、D 级杆塔的极Ⅰ加装线路避雷器。该线路避雷器改造方案(部分)如表 7-18 所示。

表 7-18 典型沿海地区某±800kV 直流输电线路避雷器改造方案(部分)

杆塔编号	安装位置	安装数量(套)
3968	极Ⅰ	1
3986	极Ⅰ	1

杆塔编号	安装位置	安装数量（套）
4054	极 I	1
4098	极 I	1
4106	极 I	1

7.5.2 寒旱区线路

我国东北及西北部分内陆地区属于温带大陆性气候，昼夜温差及年最高、最低温度差距均较大，属于极寒和极旱地区。此类地区强对流天气较少，雷电活动强度较弱，年平均地闪密度普遍小于 1 次/（km²·a）。由于寒旱区空气湿度较低、空气击穿场强较大，地面物体需要足够的电场强度才能形成上行先导，进而与雷雨云中下行先导相遇，产生雷电，故寒旱区雷电流幅值普遍大于多雨、湿润地区。同时，寒旱区在极寒天气条件下容易出现冻土，对接地产生不良影响。综上所述，该地区直流输电线路在防雷电绕击的同时，需兼顾雷电反击，故考虑用雷击重启率作为指标进行风险评估。

我国寒旱地区某±500kV 直流输电线路，全线共有 1644 基杆塔，自投运以来共发生雷击故障 1 次。线路走廊的平均地闪密度为 0.98 次/（km²·a），线路走廊的整体地闪密度较低，雷电流中值约为 35.6kA。标准雷电日下，±500kV 直流输电线路雷击重启率指标值为 0.14 次/（百公里·年），根据各条线路走廊的地闪密度，归算到标准雷电日［地闪密度 2.78 次/（km²·a）］，对线路的雷击重启率指标值进行换算，换算结果及雷击闪络风险等级划分指标见表 7-19。

表 7-19　　　　典型寒旱区某±500kV 直流输电线路雷击闪络
风险评估等级划分指标

雷击重启率［次/（百公里·年）］	$P<0.025$	$0.025{\leqslant}P<0.05$	$0.05{\leqslant}P<0.075$	$P{\geqslant}0.075$
风险等级	A	B	C	D

在综合考虑线路结构特征、地形地貌特征、杆塔绝缘配置、线路走廊雷电活动特征等因素的条件下，确定线路的整体雷击闪络风险处于 A、B、C、D 等级的杆塔数量及占比，雷击闪络风险评估结果见表 7-20，典型寒旱区±500kV 直流输电线路区段逐基杆塔雷击闪络风险评估结果见图 7-45。

表7-20　典型寒旱区某±500kV直流输电线路区段雷击闪络风险评估结果

风险等级	A	B	C	D
杆塔数（基）	1204	277	102	61
占全线杆塔数量比例（%）	73.24	16.85	6.2	3.71

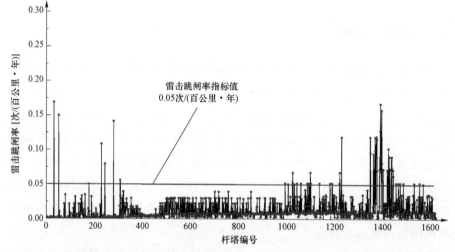

图7-45　典型寒旱区某±500kV直流输电线路区段逐基杆塔雷击闪络风险评估结果

　　该方案改造的杆塔包括发生过雷击的杆塔雷击闪络风险为C、D的部分杆塔。根据故障杆塔实际运行经验及直流输电线路雷击故障特征，此次改造中对于发生过雷击故障的杆塔建议极Ⅰ、极Ⅱ均安装，其他雷击闪络风险偏高的杆塔建议安装在极Ⅰ。该线路避雷器改造方案（部分）如表7-21所示。

表7-21　典型寒旱区某±500kV直流输电线路避雷器改造方案（部分）

杆塔编号	安装位置	安装数量（套）
1390	极Ⅰ、极Ⅱ	2
31	极Ⅰ	1
51	极Ⅰ	1
285	极Ⅰ	1
1443	极Ⅰ	1
1445	极Ⅰ	1

7.5.3 高海拔地区线路

研究结果表明，负地闪和总地闪频次随海拔的增加呈线性减少，海拔在800～2700m 时，正地闪比例随海拔增加而明显增加，2700m 以上的正地闪比例约是 800m 处的 3.7 倍；海拔 1200～1700m 的高山，负地闪和总地闪不大于 20kA 的小雷电流幅值比例较高，是海拔 200m 处的 2 倍以上；海拔 1500m以上的高山地区，大于 100kA 大雷电流幅值的平均比例大于低山丘陵和平原地区。

某直流输电线路投运于 2011 年 12 月 9 日，沿线平均海拔 4500m，最高海拔5300m，线路全长 1031.5km，共计杆塔 2361 基。沿线走廊地形复杂多样，途经高海拔地区、山区等，此外线路走廊含有较多大档距（档距超过 500m）和大转角杆塔。此处以该线路某高海拔区段进行分析。

通过"线路走廊网格法"，对某区段走廊沿线的雷电分布情况进行统计分析，线路走廊地闪密度分布如图 7-46 所示。线路走廊的平均地闪密度为 0.15 次/（km^2·a），较多雷区的规范值为 2.78 次/（km^2·a），因此，走廊整体的雷电活动并不强烈；线路前半段的地闪密度相对后半段偏低，即线路的大号杆塔编号区域雷电活动相对更为强烈，其中 1052～1394 号杆塔区域最强。对雷电流幅值分布进行统计，结果得到该地区雷电流中值约为 24.168kA。

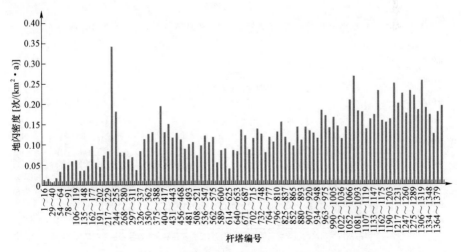

图 7-46　典型高海拔地区某区段线路走廊地闪密度分布

根据走廊地闪密度平均值 0.15 次/（km²·a），对线路的雷击重启率指标值进行换算，结果为 0.007 次/（km²·a）。该线路雷击闪络风险评估等级划分指标如表 7-22 所示。

表 7-22　典型高海拔地区某直流输电线路雷击闪络风险评估等级划分指标

雷击重启率	$P<0.0035$	$0.0035\leqslant P<0.007$	$0.007\leqslant P<0.0105$	$P\geqslant 0.0105$
风险等级	A	B	C	D

该线路区段不同雷击风险等级杆塔分布及逐基杆塔雷击闪络风险评估结果如图 7-47 和图 7-48 所示，从最后的评估结果可以看到，在综合考虑线路结构特征、地形地貌特征、杆塔绝缘配置、线路走廊雷电活动特征等因素的条件下，

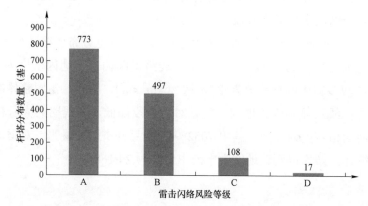

图 7-47　典型高海拔地区某直流输电线路区段不同雷击风险等级杆塔分布图

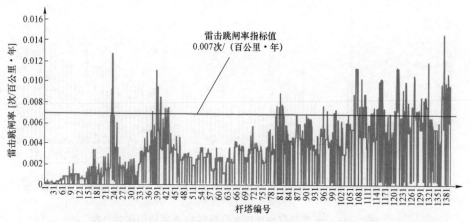

图 7-48　典型高海拔地区某直流输电线路区段逐基杆塔雷击闪络风险评估结果

确定线路整体区段雷击闪络风险处于 A、B、C、D 等级的杆塔数量分布为 773、497、108、17 基，占比分别为 55.41%、35.63%、7.74%、1.22%，因此，线路整体防雷效果较好的杆塔占总数的 91.04%，相对防雷性能偏低的杆塔有共计 125 基，占总数的 8.96%，因此该线路的整体防雷性能比较理想，与线路的实际运行情况基本一致。

考虑雷电参数在高海拔地区的特殊性，海拔为 800～2700m 的杆塔，由于正极性地闪比例较高，考虑到直流输电线路的极性效应，应适当在极Ⅱ加装线路避雷器；由于雷电流幅值较大，在海拔 1500m 以上地区，应适当采取防反击措施。该线路避雷器改造方案（部分）如表 7-23 所示。

表 7-23　　典型高海拔地区某直流输电线路避雷器改造方案（部分）

杆塔编号	安装位置	安装数量（套）
235	极Ⅰ、极Ⅱ	2
386	极Ⅰ、极Ⅱ	2
805	极Ⅰ、极Ⅱ	2
1075	极Ⅰ	1
1364	极Ⅰ	1

对雷击故障案例进行分析是深入挖掘直流输电线路雷害特征的基础，为研究雷击故障特征规律、开展雷害风险评估提供了重要依据；雷害风险评估能够综合雷电参数、地形地貌、杆塔结构等多重因素，对逐基杆塔绕、反击耐雷性能进行计算，获得高雷害风险等级杆塔；根据直流输电线路雷击闪络特性及各种防雷设备的特征，制订防雷治理方案，治理完毕后经过若干年运行观察，可对防雷治理效果进行后评估，得到防雷治理方案的有效性，进而制订下一步工作计划。

附录 A 部分超/特高压直流输电线路地闪密度
和雷电流幅值累积概率分布

A.1 ±800kV 复奉线（2010～2020 年）

±800kV 复奉线 2010～2020 年地闪密度值和雷电流幅值累积概率分布表达式如表 A-1 所示。±800kV 复奉线 2010～2020 各年及平均地闪密度分布如图 A-1 所示。

表 A-1 ±800kV 复奉线 2010～2020 年地闪密度值和雷电流幅值累积概率分布表达式

年份	地闪密度［次/（km² · a）］	雷电流幅值累积概率分布表达式
2010	3.989	$P(>I)=\dfrac{1}{1+(I/33.44)^{2.657}}$
2011	4.109	$P(>I)=\dfrac{1}{1+(I/29.346)^{2.457}}$
2012	3.961	$P(>I)=\dfrac{1}{1+(I/30.926)^{2.422}}$
2013	5.233	$P(>I)=\dfrac{1}{1+(I/30.882)^{2.432}}$
2014	2.975	$P(>I)=\dfrac{1}{1+(I/31.190)^{2.493}}$
2015	2.075	$P(>I)=\dfrac{1}{1+(I/26.325)^{2.350}}$
2016	2.994	$P(>I)=\dfrac{1}{1+(I/26.761)^{2.250}}$
2017	2.965	$P(>I)=\dfrac{1}{1+(I/21.319)^{1.953}}$
2018	4.223	$P(>I)=\dfrac{1}{1+(I/22.339)^{2.215}}$
2019	1.417	$P(>I)=\dfrac{1}{1+(I/23.781)^{2.237}}$
2020	2.502	$P(>I)=\dfrac{1}{1+(I/22.885)^{2.216}}$
平均	3.313	$P(>I)=\dfrac{1}{1+(I/27.652)^{2.305}}$

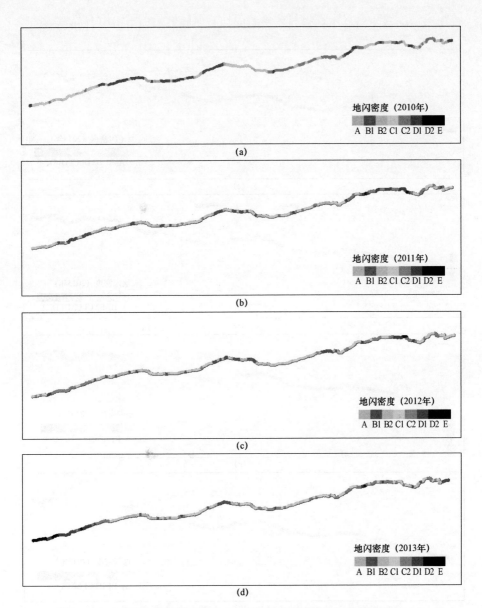

图 A-1 ±800kV 复奉线 2010～2020 各年及平均地闪密度分布图（一）

（a）2010 年；（b）2011 年；（c）2012 年；（d）2013 年

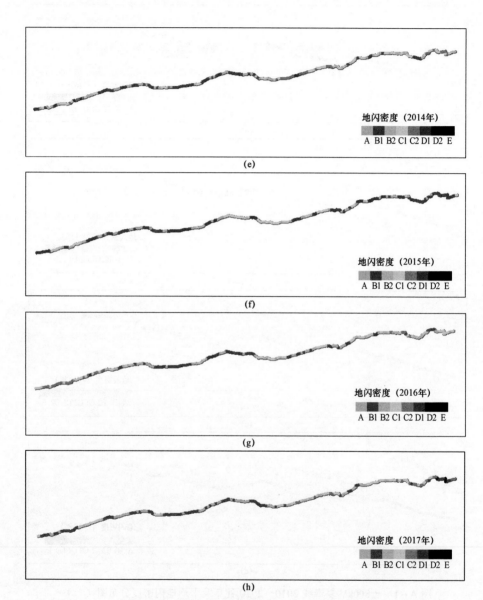

图 A-1　±800kV 复奉线 2010～2020 各年及平均地闪密度分布图（二）

（e）2014 年；（f）2015 年；（g）2016 年；（h）2017 年

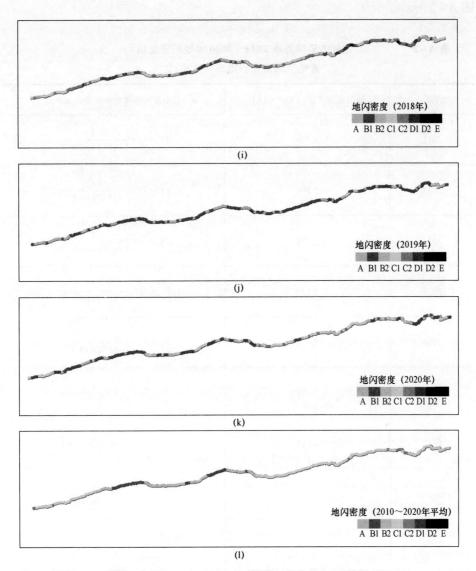

图 A-1　±800kV 复奉线 2010～2020 各年及平均地闪密度分布图（三）

(i) 2018 年；(j) 2019 年；(k) 2020 年；(l) 2010～2020 年平均

A.2　±800kV 锦苏线（2012~2020 年）

±800kV 锦苏线 2012～2020 年地闪密度值和雷电流幅值累积概率分布表达式如表 A-2 所示。±800kV 锦苏线 2012～2020 各年及平均地闪密度分布如图 A-2 所示。

表 A-2　　　　　±800kV 锦苏线 2012～2020 年地闪密度值和
雷电流幅值累积概率分布表达式

年份	地闪密度 [次/ (km² · a)]	雷电流幅值累积概率分布表达式
2012	3.756	$P(>I)=\dfrac{1}{1+(I/31.302)^{2.442}}$
2013	5.594	$P(>I)=\dfrac{1}{1+(I/30.603)^{2.411}}$
2014	2.773	$P(>I)=\dfrac{1}{1+(I/31.608)^{2.529}}$
2015	2.136	$P(>I)=\dfrac{1}{1+(I/26.697)^{2.436}}$
2016	2.952	$P(>I)=\dfrac{1}{1+(I/28.165)^{2.407}}$
2017	2.479	$P(>I)=\dfrac{1}{1+(I/24.963)^{2.218}}$
2018	4.014	$P(>I)=\dfrac{1}{1+(I/23.375)^{2.286}}$
2019	1.341	$P(>I)=\dfrac{1}{1+(I/26.168)^{2.405}}$
2020	2.366	$P(>I)=\dfrac{1}{1+(I/23.802)^{2.288}}$
平均	3.045	$P(>I)=\dfrac{1}{1+(I/27.707)^{2.358}}$

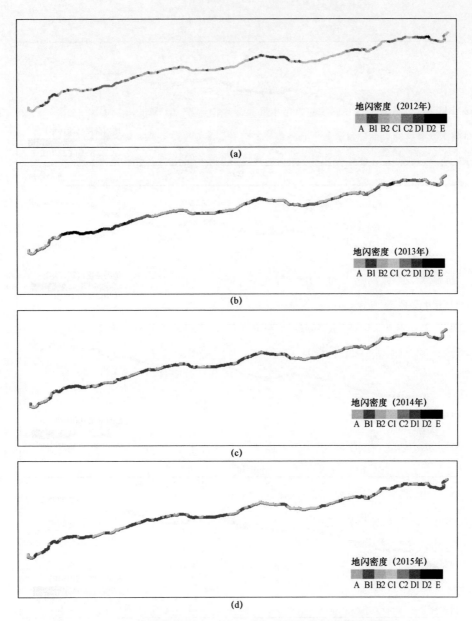

图 A-2　±800kV 锦苏线 2012～2020 各年及平均地闪密度分布图（一）

（a）2012 年；（b）2013 年；（c）2014 年；（d）2015 年

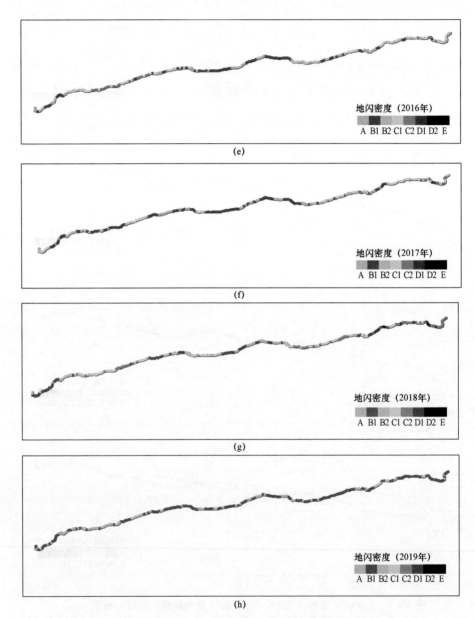

图 A–2 ±800kV 锦苏线 2012～2020 各年及平均地闪密度分布图（二）

（e）2016 年；（f）2017 年；（g）2018 年；（h）2019 年

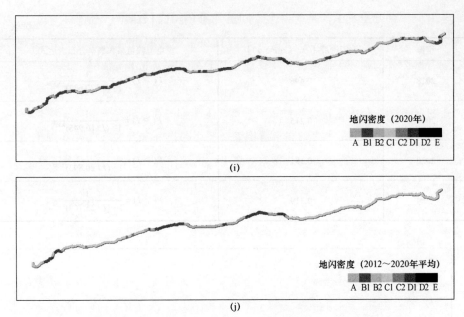

(i)

(j)

图 A-2　±800kV 锦苏线 2012～2020 各年及平均地闪密度分布图（三）

(i) 2020 年；(j) 2012～2020 年平均

A.3　±800kV 天中线（2014～2020 年）

±800kV 天中线 2014～2020 年地闪密度值和雷电流幅值累积概率分布表达式如表 A-3 所示。±800kV 天中线 2014～2020 各年及平均地闪密度分布如图 A-3 所示。

表 A-3　　　　　±800kV 天中线 2014～2020 年地闪密度值和
雷电流幅值累积概率分布表达式

年份	地闪密度 [次/ (km² · a)]	雷电流幅值累积概率分布表达式
2014	0.203	$P(>I) = \dfrac{1}{1+(I/38.403)^{2.979}}$
2015	0.323	$P(>I) = \dfrac{1}{1+(I/41.617)^{2.927}}$
2016	0.388	$P(>I) = \dfrac{1}{1+(I/36.031)^{2.621}}$
2017	0.427	$P(>I) = \dfrac{1}{1+(I/22.327)^{2.435}}$

续表

年份	地闪密度［次/（km²·a）］	雷电流幅值累积概率分布表达式
2018	0.496	$P(>I)=\dfrac{1}{1+(I/20.611)^{2.265}}$
2019	0.215	$P(>I)=\dfrac{1}{1+(I/16.945)^{2.235}}$
2020	0.181	$P(>I)=\dfrac{1}{1+(I/20.893)^{2.205}}$
平均	0.319	$P(>I)=\dfrac{1}{1+(I/26.769)^{2.220}}$

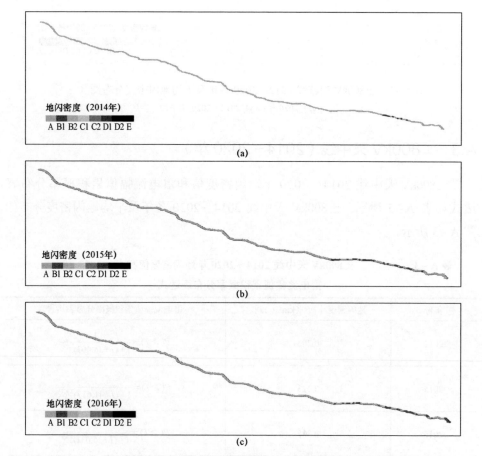

图 A-3　±800kV 天中线 2014～2020 各年及平均地闪密度分布图（一）

（a）2014 年；（b）2015 年；（c）2016 年

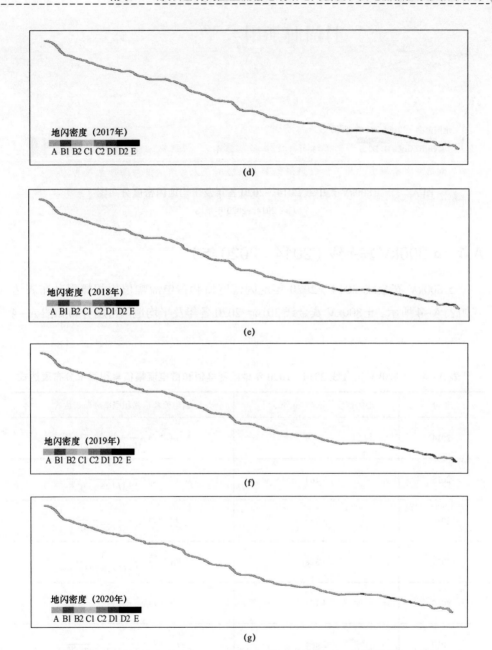

图 A-3 ±800kV 天中线 2014～2020 各年及平均地闪密度分布图（二）

（d）2017 年；（e）2018 年；（f）2019 年；（g）2020 年

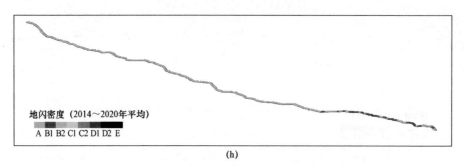

地闪密度（2014～2020年平均）

A B1 B2 C1 C2 D1 D2 E

(h)

图 A-3　±800kV 天中线 2014～2020 各年及平均地闪密度分布图（三）

（h）2014～2020 年平均

A.4　±800kV 宾金线（2014～2020 年）

±800kV 宾金线 2014～2020 年地闪密度值和雷电流幅值累积概率分布表达式如表 A-4 所示。±800kV 宾金线 2014～2020 各年及平均地闪密度分布如图 A-4 所示。

表 A-4　±800kV 宾金线 2014～2020 年地闪密度值和雷电流幅值累积概率分布表达式

年份	地闪密度［次/（km² · a）］	雷电流幅值累积概率分布表达式
2014	4.579	$P(>I)=\dfrac{1}{1+(I/33.472)^{2.872}}$
2015	3.164	$P(>I)=\dfrac{1}{1+(I/26.953)^{2.468}}$
2016	3.959	$P(>I)=\dfrac{1}{1+(I/27.003)^{2.571}}$
2017	2.528	$P(>I)=\dfrac{1}{1+(I/28.127)^{2.525}}$
2018	4.175	$P(>I)=\dfrac{1}{1+(I/24.432)^{2.480}}$
2019	2.454	$P(>I)=\dfrac{1}{1+(I/26.007)^{2.445}}$
2020	3.679	$P(>I)=\dfrac{1}{1+(I/24.890)^{2.554}}$
平均	4.579	$P(>I)=\dfrac{1}{1+(I/27.392)^{2.551}}$

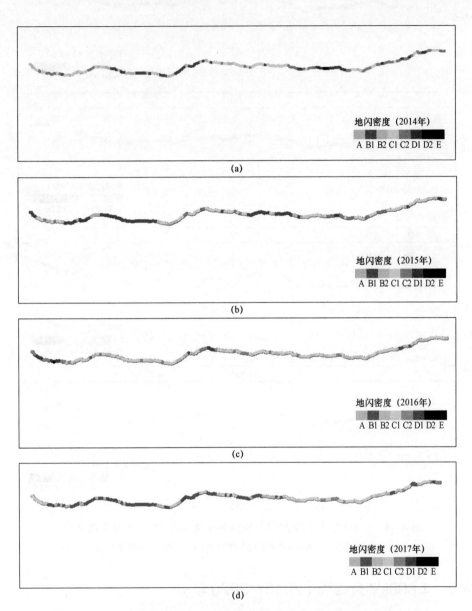

图 A−4 ±800kV 宾金线 2014～2020 各年及平均地闪密度分布图（一）

（a）2014 年；（b）2015 年；（c）2016 年；（d）2017 年

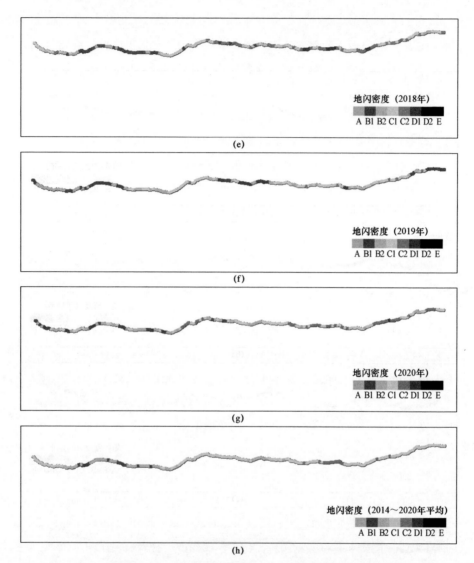

地闪密度（2018年）
A B1 B2 C1 C2 D1 D2 E

(e)

地闪密度（2019年）
A B1 B2 C1 C2 D1 D2 E

(f)

地闪密度（2020年）
A B1 B2 C1 C2 D1 D2 E

(g)

地闪密度（2014～2020年平均）
A B1 B2 C1 C2 D1 D2 E

(h)

图 A-4　±800kV 宾金线 2014～2020 各年及平均地闪密度分布图（二）

（e）2018 年；（f）2019 年；（g）2020 年；（h）2014～2020 年平均

A.5　±800kV 灵绍线（2016～2020 年）

±800kV 灵绍线 2016～2020 年地闪密度值和雷电流幅值累积概率分布表达式如表 A-5 所示。±800kV 灵绍线 2016～2020 各年及平均地闪密度分布如图 A-5 所示。

表 A-5　　　±800kV 灵绍线 2016～2020 年地闪密度值和
雷电流幅值累积概率分布表达式

年份	地闪密度［次/（$km^2 \cdot a$）］	雷电流幅值累积概率分布表达式
2016	1.228	$P(>I) = \dfrac{1}{1+(I/31.832)^{2.482}}$
2017	1.709	$P(>I) = \dfrac{1}{1+(I/22.861)^{2.291}}$
2018	2.670	$P(>I) = \dfrac{1}{1+(I/19.953)^{2.287}}$
2019	1.150	$P(>I) = \dfrac{1}{1+(I/19.856)^{2.315}}$
2020	1.217	$P(>I) = \dfrac{1}{1+(I/21.963)^{2.296}}$
平均	1.595	$P(>I) = \dfrac{1}{1+(I/22.486)^{2.274}}$

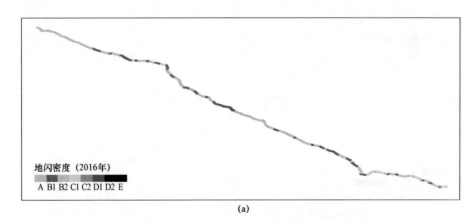

(a)

图 A-5　±800kV 灵绍线 2016～2020 各年及平均地闪密度分布图（一）

（a）2016 年

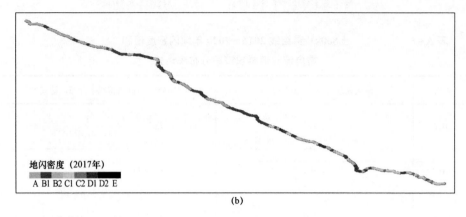

地闪密度（2017年）

A B1 B2 C1 C2 D1 D2 E

(b)

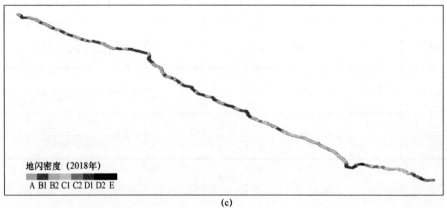

地闪密度（2018年）

A B1 B2 C1 C2 D1 D2 E

(c)

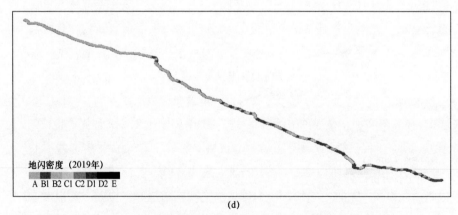

地闪密度（2019年）

A B1 B2 C1 C2 D1 D2 E

(d)

图 A-5　±800kV 灵绍线 2016～2020 各年及平均地闪密度分布图（二）

（b）2017 年；（c）2018 年；（d）2019 年

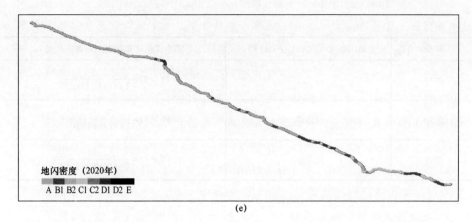

(e)

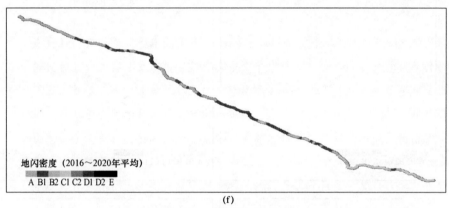

(f)

图 A-5　±800kV 灵绍线 2016~2020 各年及平均地闪密度分布图（三）

（e）2020 年；（f）2016~2020 年平均

A.6　±800kV 雁淮线（2017~2020 年）

±800kV 雁淮线 2017~2020 年地闪密度值和雷电流幅值累积概率分布表达式如表 A-6 所示。±800kV 雁淮线 2017~2020 各年及平均地闪密度分布如图 A-6 所示。

表 A-6　　　±800kV 雁淮线 2017~2020 年地闪密度值和雷

电流幅值累积概率分布表达式

年份	地闪密度 [次/（km²·a）]	雷电流幅值累积概率分布表达式
2017	3.623	$P(>I)=\dfrac{1}{1+(I/13.734)^{2.202}}$
2018	3.058	$P(>I)=\dfrac{1}{1+(I/13.907)^{2.111}}$

续表

年份	地闪密度［次/（km²·a）］	雷电流幅值累积概率分布表达式
2019	2.735	$P(>I)=\dfrac{1}{1+(I/12.131)^{2.335}}$
2020	1.803	$P(>I)=\dfrac{1}{1+(I/14.192)^{2.098}}$
平均	2.805	$P(>I)=\dfrac{1}{1+(I/13.288)^{2.136}}$

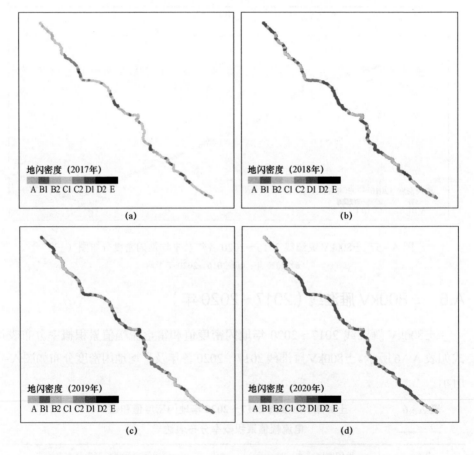

图 A-6　±800kV 雁淮线 2017~2020 各年及平均地闪密度分布图（一）
(a) 2017 年；(b) 2018 年；(c) 2019 年；(d) 2020 年

图 A-6　±800kV 雁淮线 2017～2020 各年及平均地闪密度分布图（二）

（e）2017～2020 年平均

A.7　±800kV 锡泰线（2017～2020 年）

±800kV 锡泰线 2017～2020 年地闪密度值和雷电流幅值累积概率分布表达式如表 A-7 所示。±800kV 锡泰线 2017～2020 各年及平均地闪密度分布如图 A-7 所示。

表 A-7　±800kV 锡泰线 2017～2020 年地闪密度值和雷电流幅值累积概率分布表达式

年份	地闪密度［次/（km² · a）］	雷电流幅值累积概率分布表达式
2017	3.374	$P(>I)=\dfrac{1}{1+(I/12.174)^{2.049}}$
2018	3.169	$P(>I)=\dfrac{1}{1+(I/11.801)^{2.235}}$
2019	3.010	$P(>I)=\dfrac{1}{1+(I/11.13)^{2.628}}$
2020	2.775	$P(>I)=\dfrac{1}{1+(I/12.565)^{2.322}}$
平均	3.082	$P(>I)=\dfrac{1}{1+(I/12.073)^{2.344}}$

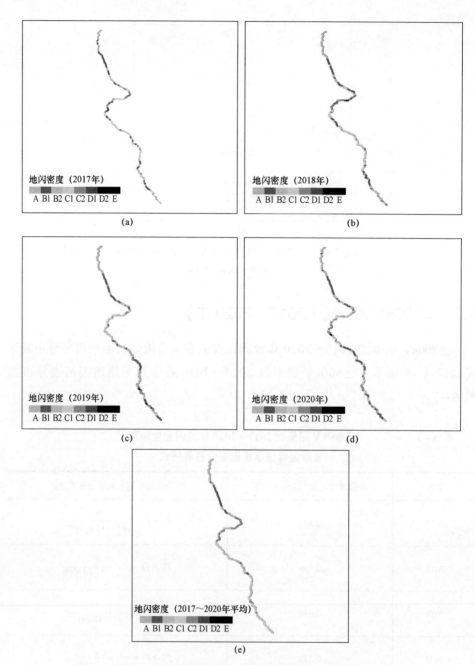

图 A-7　±800kV 锡泰线 2017~2020 各年及平均地闪密度分布图
(a) 2017 年；(b) 2018 年；(c) 2019 年；(d) 2020 年；
(e) 2017~2020 年平均

A.8 ±800kV 鲁固线（2017~2020 年）

±800kV 鲁固线 2017~2020 年地闪密度值和雷电流幅值累积概率分布表达式如表 A-8 所示。±800kV 鲁固线 2017~2020 各年及平均地闪密度分布如图 A-8 所示。

表 A-8   ±800kV 鲁固线 2017~2020 年地闪密度值和雷电流幅值累积概率分布表达式

年份	地闪密度 [次/（km² · a）]	雷电流幅值累积概率分布表达式
2017	3.174	$P(>I)=\dfrac{1}{1+(I/12.072)^{2.099}}$
2018	2.695	$P(>I)=\dfrac{1}{1+(I/11.858)^{2.025}}$
2019	2.090	$P(>I)=\dfrac{1}{1+(I/11.422)^{2.342}}$
2020	2.634	$P(>I)=\dfrac{1}{1+(I/11.894)^{2.480}}$
平均	2.648	$P(>I)=\dfrac{1}{1+(I/11.844)^{2.205}}$

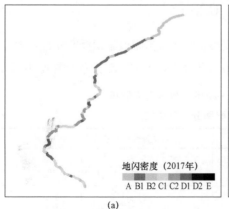
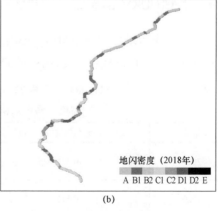

(a)   (b)

图 A-8   ±800kV 鲁固线 2017~2020 各年及平均地闪密度分布图（一）

（a）2017 年；（b）2018 年

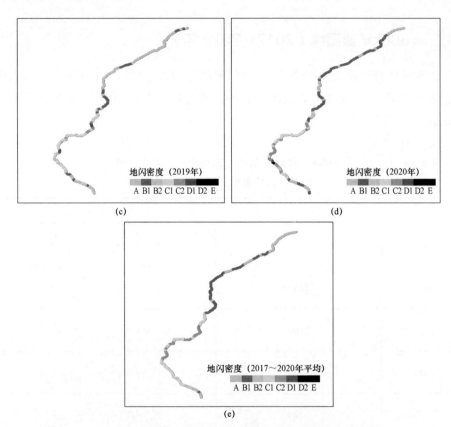

图 A-8　±800kV 鲁固线 2017～2020 各年及平均地闪密度分布图（二）

（c）2019 年；（d）2020 年；（e）2017～2020 年平均

A.9　±1100kV 吉泉线（2019～2020 年）

±1100kV 吉泉线 2019～2020 年地闪密度值和雷电流幅值累积概率分布表达式如表 A-9 所示。±1100kV 吉泉线 2019～2020 各年及平均地闪密度分布如图 A-9 所示。

表 A-9　　　　　　　±1100kV 吉泉线 2019～2020 年地闪密度值和
雷电流幅值累积概率分布表达式

年份	地闪密度［次/（km²·a）］	雷电流幅值累积概率分布表达式
2019	0.373	$P(>I)=\dfrac{1}{1+(I/21.903)^{2.321}}$
2020	0.511	$P(>I)=\dfrac{1}{1+(I/22.794)^{2.279}}$
平均	0.442	$P(>I)=\dfrac{1}{1+(I/22.415)^{2.295}}$

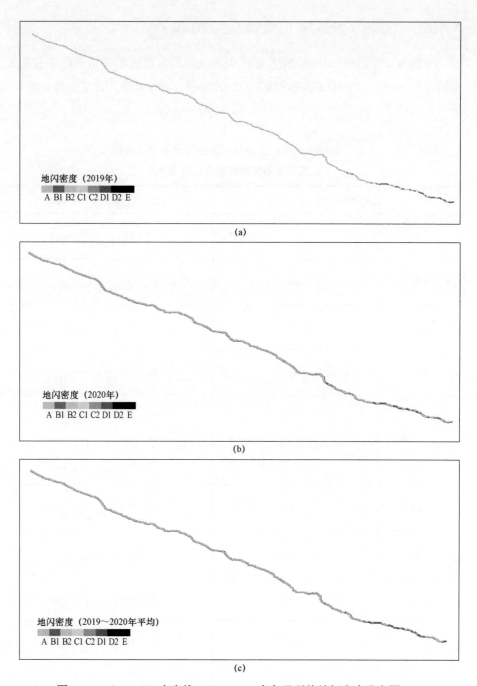

(a)

(b)

(c)

图 A-9　±1100kV 吉泉线 2019～2020 各年及平均地闪密度分布图

（a）2019 年；（b）2020 年；（c）2019～2020 年平均

A.10 ±500kV 龙政线（2011~2020 年）

±500kV 龙政线 2011~2020 年地闪密度值和雷电流幅值累积概率分布表达式如表 A-10 所示。±500kV 龙政线 2011~2020 各年及平均地闪密度分布如图 A-10 所示。

表 A-10 　±500kV 龙政线 2011~2020 年地闪密度值和雷电流幅值累积概率分布表达式

年份	地闪密度 [次/（km² · a）]	雷电流幅值累积概率分布表达式
2011	3.461	$P(>I)=\dfrac{1}{1+(I/27.31)^{2.729}}$
2012	3.110	$P(>I)=\dfrac{1}{1+(I/32.008)^{2.596}}$
2013	2.840	$P(>I)=\dfrac{1}{1+(I/28.923)^{2.355}}$
2014	1.581	$P(>I)=\dfrac{1}{1+(I/30.384)^{2.307}}$
2015	1.537	$P(>I)=\dfrac{1}{1+(I/26.326)^{2.308}}$
2016	1.812	$P(>I)=\dfrac{1}{1+(I/25.894)^{2.212}}$
2017	2.004	$P(>I)=\dfrac{1}{1+(I/21.254)^{2.016}}$
2018	3.110	$P(>I)=\dfrac{1}{1+(I/18.190)^{2.136}}$
2019	1.432	$P(>I)=\dfrac{1}{1+(I/19.978)^{2.338}}$
2020	2.519	$P(>I)=\dfrac{1}{1+(I/21.603)^{2.217}}$
平均	2.341	$P(>I)=\dfrac{1}{1+(I/25.129)^{2.273}}$

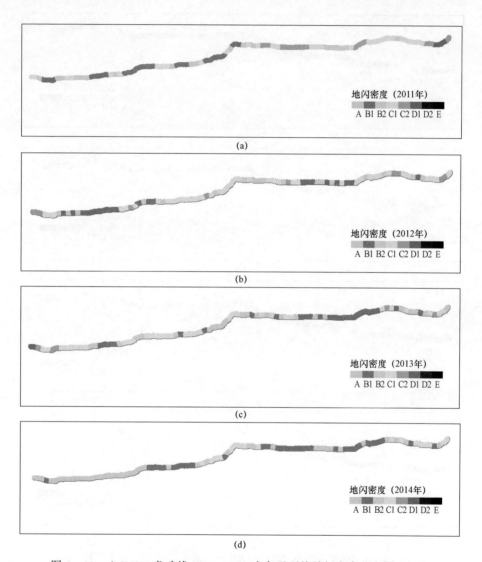

图 A-10　±500kV 龙政线 2011～2020 各年及平均地闪密度分布图（一）

（a）2011 年；（b）2012 年；（c）2013 年；（d）2014 年

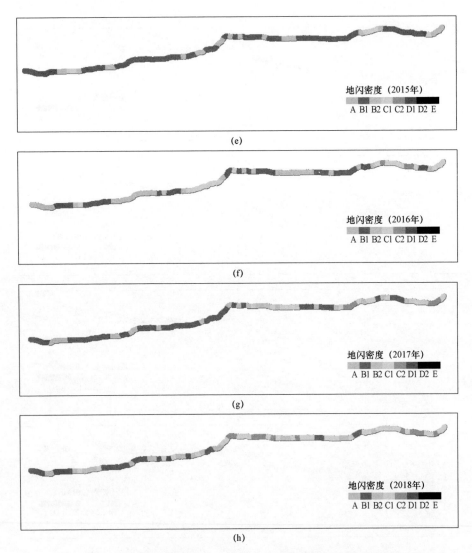

图 A-10　±500kV 龙政线 2011~2020 各年及平均地闪密度分布图（二）

（e）2015 年；（f）2016 年；（g）2017 年；（h）2018 年

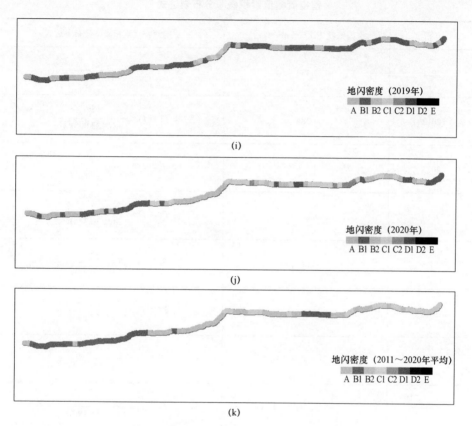

图 A-10　±500kV 龙政线 2011～2020 各年及平均地闪密度分布图（三）

(i) 2019 年；(j) 2020 年；(k) 2011～2020 年平均

A.11　±500kV 江城线（2011~2020 年）

±500kV 江城线 2011～2020 年地闪密度值和雷电流幅值累积概率分布表达式如表 A-11 所示。±500kV 江城线 2011～2020 各年及平均地闪密度分布如图 A-11 所示。

表 A−11 ±500kV 江城线 2011～2020 年地闪密度值和
雷电流幅值累积概率分布表达式

年份	地闪密度 [次/（km² · a）]	雷电流幅值累积概率分布表达式
2011	2.432	$P(>I)=\dfrac{1}{1+(I/27.31)^{2.729}}$
2012	4.384	$P(>I)=\dfrac{1}{1+(I/32.008)^{2.596}}$
2013	4.179	$P(>I)=\dfrac{1}{1+(I/28.923)^{2.355}}$
2014	6.009	$P(>I)=\dfrac{1}{1+(I/30.384)^{2.307}}$
2015	3.064	$P(>I)=\dfrac{1}{1+(I/26.326)^{2.308}}$
2016	5.965	$P(>I)=\dfrac{1}{1+(I/25.894)^{2.212}}$
2017	1.991	$P(>I)=\dfrac{1}{1+(I/21.254)^{2.016}}$
2018	3.056	$P(>I)=\dfrac{1}{1+(I/18.190)^{2.136}}$
2019	2.871	$P(>I)=\dfrac{1}{1+(I/19.978)^{2.338}}$
2020	3.202	$P(>I)=\dfrac{1}{1+(I/21.603)^{2.217}}$
平均	3.715	$P(>I)=\dfrac{1}{1+(I/25.129)^{2.273}}$

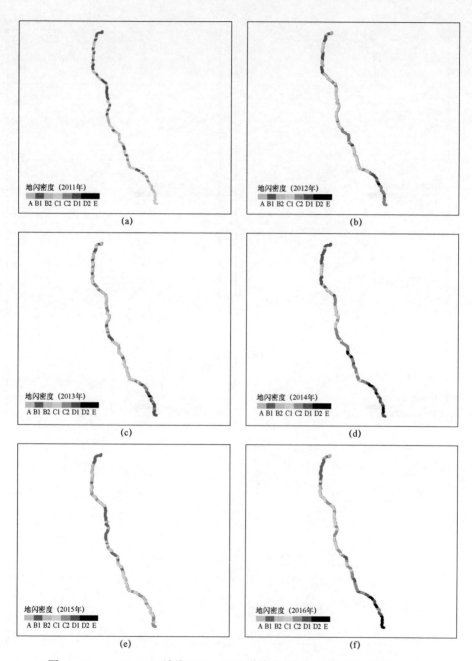

图 A-11　±500kV 江城线 2011～2020 各年及平均地闪密度分布图（一）

（a）2011 年；（b）2012 年；（c）2013 年；（d）2014 年；（e）2015 年；（f）2016 年

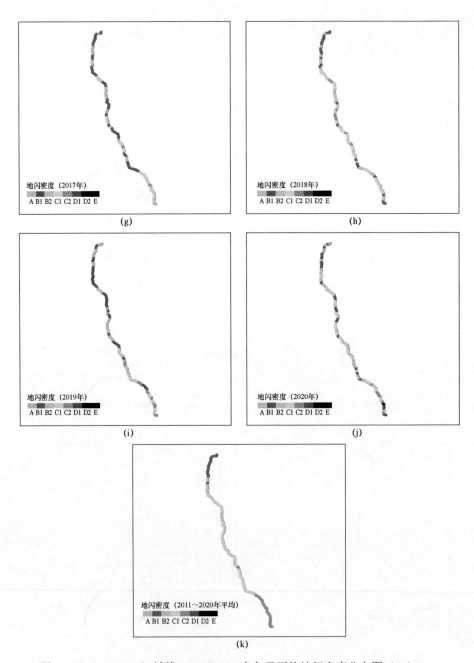

图 A-11　±500kV 江城线 2011～2020 各年及平均地闪密度分布图（二）

（g）2017 年；（h）2018 年；（i）2019 年；（j）2020 年；（k）2011～2020 年平均

A.12 ±500kV 宜华线（2011~2020 年）

±500kV 宜华线 2011~2020 年地闪密度值和雷电流幅值累积概率分布表达式如表 A–12 所示。±500kV 宜华线 2011~2020 各年及平均地闪密度分布如图 A–12 所示。

表 A–12 ±500kV 宜华线 2011~2020 年地闪密度值和
雷电流幅值累积概率分布表达式

年份	地闪密度［次/（km² · a）］	雷电流幅值累积概率分布表达式
2011	3.978	$P(>I)=\dfrac{1}{1+(I/25.451)^{2.575}}$
2012	3.758	$P(>I)=\dfrac{1}{1+(I/29.590)^{2.453}}$
2013	3.146	$P(>I)=\dfrac{1}{1+(I/28.129)^{2.355}}$
2014	1.988	$P(>I)=\dfrac{1}{1+(I/28.712)^{2.257}}$
2015	1.567	$P(>I)=\dfrac{1}{1+(I/26.805)^{2.313}}$
2016	2.019	$P(>I)=\dfrac{1}{1+(I/25.456)^{2.171}}$
2017	2.471	$P(>I)=\dfrac{1}{1+(I/19.232)^{1.881}}$
2018	3.734	$P(>I)=\dfrac{1}{1+(I/19.232)^{2.056}}$
2019	1.376	$P(>I)=\dfrac{1}{1+(I/21.302)^{2.311}}$
2020	2.517	$P(>I)=\dfrac{1}{1+(I/21.338)^{2.179}}$
平均	2.655	$P(>I)=\dfrac{1}{1+(I/24.355)^{2.234}}$

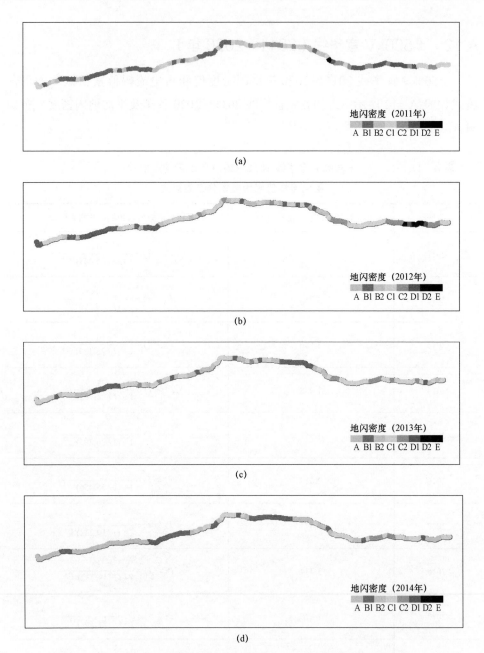

图 A–12　±500kV 宜华线 2011～2020 各年及平均地闪密度分布图（一）

（a）2011 年；（b）2012 年；（c）2013 年；（d）2014 年

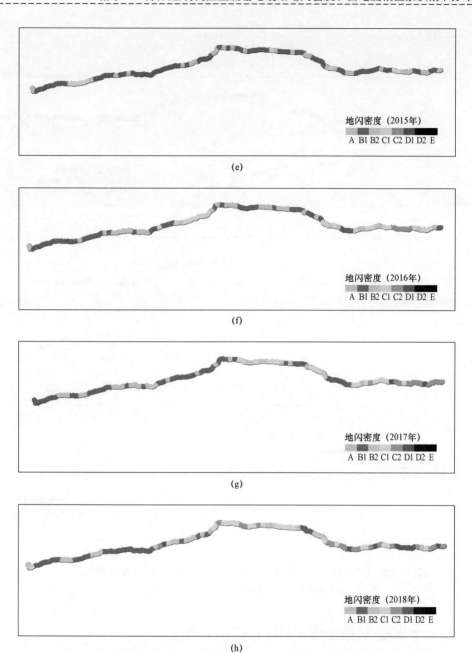

(e)

(f)

(g)

(h)

图 A-12　±500kV 宜华线 2011～2020 各年及平均地闪密度分布图（二）

（e）2015 年；（f）2016 年；（g）2017 年；（h）2018 年

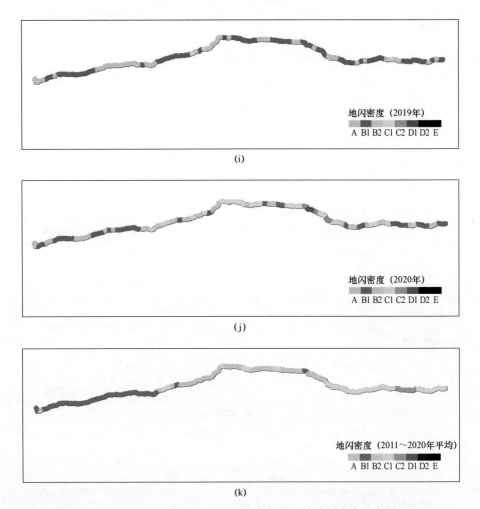

图 A-12 ±500kV 宜华线 2011～2020 各年及平均地闪密度分布图（三）

(i) 2019 年；(j) 2020 年；(k) 2011～2020 年平均

A.13 ±500kV 德宝线（2011～2020 年）

±500kV 德宝线 2011～2020 年地闪密度值和雷电流幅值累积概率分布表达式如表 A-13 所示。±500kV 德宝线 2011～2020 各年及平均地闪密度分布如图 A-13 所示。

表 A–13　　　　　±500kV 德宝线 2011～2020 年地闪密度值和
雷电流幅值累积概率分布表达式

年份	地闪密度［次/（km² · a）］	雷电流幅值累积概率分布表达式
2011	1.860	$P(>I)=\dfrac{1}{1+(I/39.256)^{2.830}}$
2012	1.236	$P(>I)=\dfrac{1}{1+(I/33.904)^{2.357}}$
2013	2.511	$P(>I)=\dfrac{1}{1+(I/42.289)^{2.942}}$
2014	0.603	$P(>I)=\dfrac{1}{1+(I/36.644)^{2.986}}$
2015	1.202	$P(>I)=\dfrac{1}{1+(I/33.551)^{2.397}}$
2016	1.356	$P(>I)=\dfrac{1}{1+(I/38.696)^{2.864}}$
2017	1.305	$P(>I)=\dfrac{1}{1+(I/28.588)^{2.853}}$
2018	1.246	$P(>I)=\dfrac{1}{1+(I/29.381)^{2.751}}$
2019	0.896	$P(>I)=\dfrac{1}{1+(I/31.140)^{2.634}}$
2020	0.590	$P(>I)=\dfrac{1}{1+(I/31.914)^{2.197}}$
平均	1.281	$P(>I)=\dfrac{1}{1+(I/35.405)^{2.645}}$

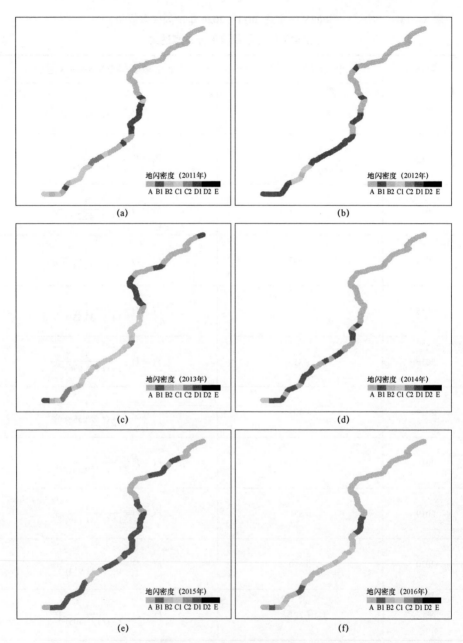

图 A-13　±500kV 德宝线 2011～2020 各年及平均地闪密度分布图（一）

(a) 2011 年；(b) 2012 年；(c) 2013 年；(d) 2014 年；
(e) 2015 年；(f) 2016 年

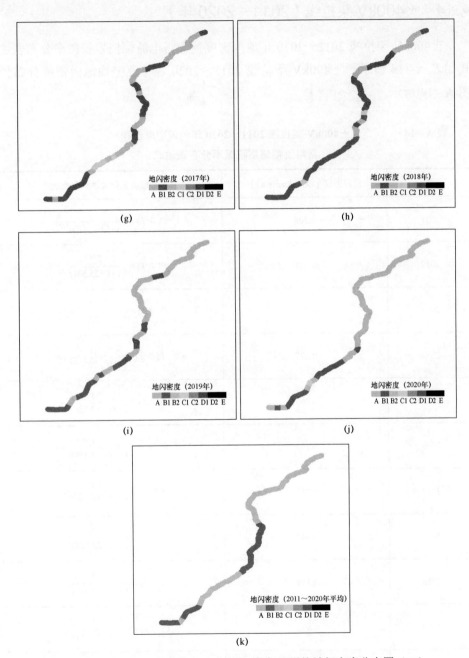

图 A-13　±500kV 德宝线 2011～2020 各年及平均地闪密度分布图（二）

(g) 2017 年；(h) 2018 年；(i) 2019 年；(j) 2020 年；(k) 2011～2020 年平均

A.14 ±400kV 柴拉线（2011~2020 年）

±400kV 柴拉线 2011~2020 年地闪密度值和雷电流幅值累积概率分布表达式如表 A–14 所示。±400kV 柴拉线 2011~2020 各年及平均地闪密度分布如图 A–14 所示。

表 A–14　±400kV 柴拉线 2011~2020 年地闪密度值和雷电流幅值累积概率分布表达式

年份	地闪密度 [次/（km² · a）]	雷电流幅值累积概率分布表达式
2011	0.206	$P(>I)=\dfrac{1}{1+(I/22.883)^{2.235}}$
2012	0.371	$P(>I)=\dfrac{1}{1+(I/25.591)^{2.933}}$
2013	0.312	$P(>I)=\dfrac{1}{1+(I/27.608)^{2.780}}$
2014	0.277	$P(>I)=\dfrac{1}{1+(I/30.72)^{2.312}}$
2015	0.065	$P(>I)=\dfrac{1}{1+(I/32.838)^{2.631}}$
2016	0.193	$P(>I)=\dfrac{1}{1+(I/22.550)^{1.969}}$
2017	0.237	$P(>I)=\dfrac{1}{1+(I/26.380)^{1.933}}$
2018	0.592	$P(>I)=\dfrac{1}{1+(I/23.728)^{2.375}}$
2019	0.251	$P(>I)=\dfrac{1}{1+(I/20.510)^{2.148}}$
2020	0.802	$P(>I)=\dfrac{1}{1+(I/21.315)^{2.494}}$
平均	0.331	$P(>I)=\dfrac{1}{1+(I/24.18)^{2.373}}$

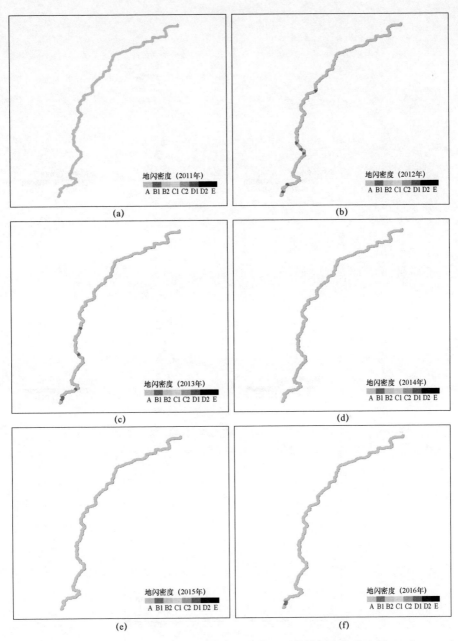

图 A-14 ±400kV 柴拉线 2011～2020 各年及平均地闪密度分布图（一）

（a）2011 年；（b）2012 年；（c）2013 年；（d）2014 年；

（e）2015 年；（f）2016 年

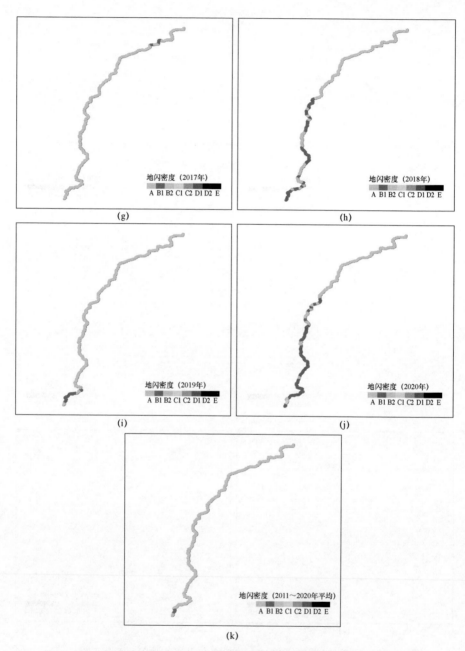

图 A-14 ±400kV 柴拉线 2011~2020 各年及平均地闪密度分布图（二）

(g) 2017 年；(h) 2018 年；(i) 2019 年；(j) 2020 年；(k) 2011~2020 年平均

A.15　±660kV 银东线（2011~2020 年）

±660kV 银东线 2011～2020 年地闪密度值和雷电流幅值累积概率分布表达式如表 A-15 所示。±660kV 银东线 2011～2020 各年及平均地闪密度分布如图 A-15 所示。

表 A-15　　±660kV 银东线 2011～2020 年地闪密度值和雷电流幅值累积概率分布表达式

年份	地闪密度［次/（km²·a）］	雷电流幅值累积概率分布表达式
2011	1.613	$P(>I)=\dfrac{1}{1+(I/36.743)^{3.135}}$
2012	1.779	$P(>I)=\dfrac{1}{1+(I/34.154)^{3.480}}$
2013	2.675	$P(>I)=\dfrac{1}{1+(I/38.660)^{3.184}}$
2014	0.777	$P(>I)=\dfrac{1}{1+(I/36.209)^{3.285}}$
2015	1.442	$P(>I)=\dfrac{1}{1+(I/32.354)^{2.847}}$
2016	1.604	$P(>I)=\dfrac{1}{1+(I/26.639)^{2.419}}$
2017	2.614	$P(>I)=\dfrac{1}{1+(I/17.006)^{2.341}}$
2018	1.798	$P(>I)=\dfrac{1}{1+(I/18.878)^{2.236}}$
2019	1.311	$P(>I)=\dfrac{1}{1+(I/16.197)^{2.161}}$
2020	1.483	$P(>I)=\dfrac{1}{1+(I/14.857)^{2.526}}$
平均	1.710	$P(>I)=\dfrac{1}{1+(I/25.804)^{2.306}}$

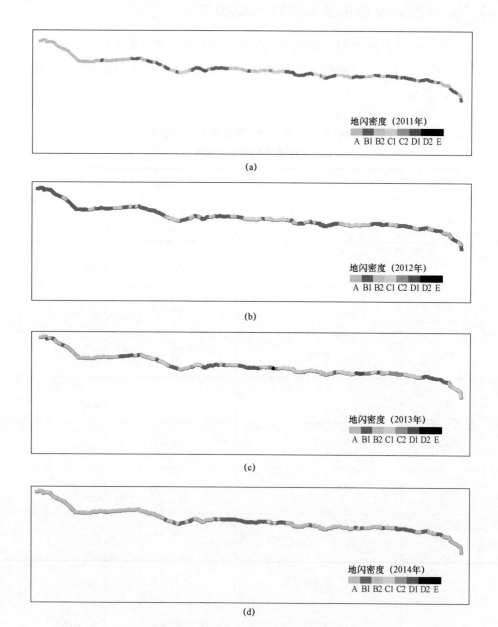

图 A-15 ±660kV 银东线 2011～2020 各年及平均地闪密度分布图（一）

（a）2011 年；（b）2012 年；（c）2013 年；（d）2014 年

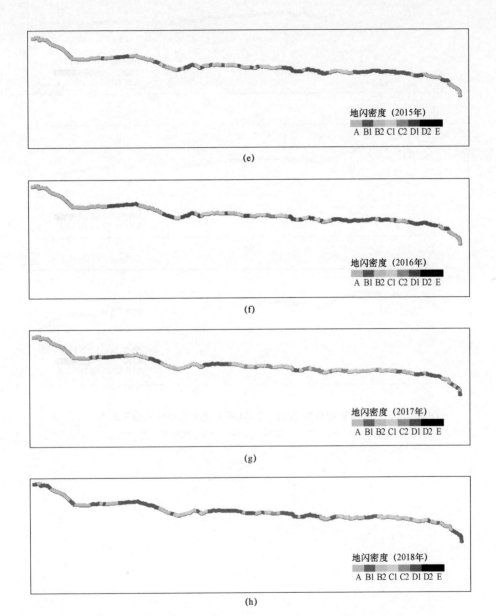

图 A-15　±660kV 银东线 2011～2020 各年及平均地闪密度分布图（二）

（e）2015 年；（f）2016 年；（g）2017 年；（h）2018 年

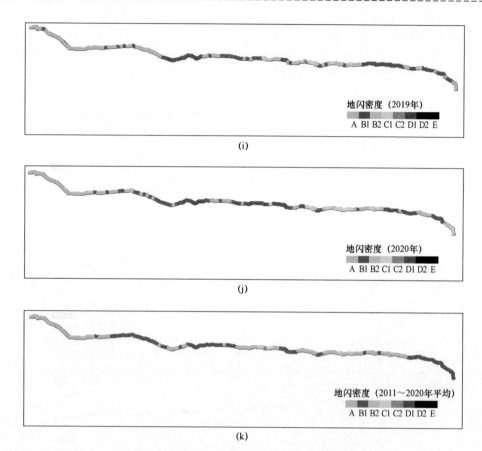

图 A-15 ±660kV 银东线 2011～2020 各年及平均地闪密度分布图（三）

(i) 2019 年；(j) 2020 年；(k) 2011～2020 年平均

参 考 文 献

［1］谷山强，王剑，冯万兴. 输电线路雷击风险评估与预警［M］. 北京：中国电力出版社，2019.

［2］陈家宏，张勤，冯万兴，等. 中国电网雷电定位系统与雷电监测网［J］. 高电压技术，2008，34（3）：425-431.

［3］谷山强，陈家宏，陈维江，等. 架空输电线路雷击闪络预警方法［J］. 高电压技术，2013，39（2）：423-429.

［4］ZHANG H，GU SQ，et al. Single-station-based lightning mapping system with electromagnetic and thunder signals［J］. IEEE Transactions on Plasma Science，2019，47（2）. 1421-1428.

［5］CHEN J，WU Y，ZHAO Z.The new lightning detection system in China：its method and performance［C］. 2010 Asia-Pacific International Symposium on Electromagnetic Compatibility. Beijing，China：IEEE，2010：1138-1141.

［6］GUO J，GU S，FENG W，et al. Lightning warning method of transmission lines based on multi-information fusion: analysis of summer thunderstorms in Jiangsu［C］. Lightning Protection.IEEE，2014：600-604.

［7］王剑，谷山强，彭波，等. 国网辖区特高压直流线路防雷运行现状分析［J］. 全球能源互联网，2018，1（4）：511-520.

［8］谷山强，陈维江，向念文，等. 一次自然雷击过程的光学观测分析［J］. 高电压技术，2014，40（3）：683-689.

［9］陈家宏,赵淳,王剑,等.基于直接获取雷击参数的输电线路雷击风险优化评估方法[J].高电压技术，2015，41（1）：14-20.

［10］王剑，谷山强，姜文东，等. 输电线路六防工作手册·防雷害［M］. 北京：中国电力出版社，2015.

［11］万启发. 输电线路雷电防护技术［M］. 北京：中国电力出版社，2016.

［12］刘振亚. 智能电网技术［M］. 北京：中国电力出版社，2010.

［13］周浩. 特高压交直流输电技术［M］. 杭州：浙江大学出版社，2014.

［14］陈家宏，赵淳，谷山强，等. 我国电网雷电监测与防护技术现状及发展趋势［J］. 高

电压技术，2016，42（11）：3361－3375.

[15] 高小刚. 直流输电线路防雷保护特性研究 [D]. 长沙：长沙理工大学，2012.

[16] 陈维江，陈家宏，谷山强，等. 中国电网雷电监测与防护亟待研究的关键技术 [J]. 高电压技术，2008，34（10）：2009－2015.

[17] 谷山强，陈维江，陈家宏，等. 雷电放电过程高速摄像观测研究 [J]. 高电压技术，2008，34（10）：2030－2035.

[18] 邵茜楠. 高压直流线路保护研究 [D]. 武汉：华中科技大学，2017.

[19] 岳灵平，张志亮，俞强，等. 一起典型的 800kV 直流线路雷击故障跳闸分析 [J]. 电瓷避雷器，2015（2）：139－142.

[20] VLADIMIR A R，MARTIN A U.Lightning physics and effects[M]. Cambridge：Cambridge University Press，2003.

[21] MARCELO M F S，LEANDRO Z S C，MAURÍCIO G，et al.Measure-ment of cloud-to-ground and spider leader speeds with high-speed video observations [C]. 13th International Conference on Atmospheric Electricity.Beijing，2007.

[22] 万帅，陈家宏，谭进，等. ±500kV 直流输电线路用复合外套带串联间隙金属氧化物避雷器的研制 [J]. 高电压技术，2012，38（10）：2714－2720.

[23] 王剑，万帅，陈家宏，等. 三峡—上海±500kV 同塔双回直流输电用线路避雷器的雷电防护效果分析 [J]. 高电压技术，2013，39（2）：450－456.

[24] 张义军，孟青，马明，等. 闪电探测技术发展和资料应用 [J]. 应用气象学报，2006，17（5）：611－620.

[25] 王官洁，任震. 高压直流输电技术 [M]. 重庆：重庆大学出版社，1997.

[26] 刘高任. 基于模块化多电平换流器的柔性直流电网故障保护策略研究 [D]. 杭州：浙江大学，2017.

[27] 刘振亚. 特高压直流输电理论 [M]. 北京：中国电力出版社，2009.

[28] 何金良，杨滚，余占清. 用于雷电防护的雷电流波形参数研究 [J]. 建筑电气，2017，36（3）：3－8.

[29] 陈绿文，张义军，吕伟涛，等. 闪电定位资料与人工引雷观测结果的对比分析 [J]. 高电压技术，2009，35（8）：1896－1902.

[30] CHEN L W，ZHANG Y J，LÜ W T，et al.Performance evaluation for a lightning location system based on observations of artificially triggered lightning and natural lightning flashes[J]. Journal of Atmospheric and Oceanic Technology，2012，29（12）：

1835-1844.

[31] 赵淳，阮江军，李晓岚，等. 输电线路综合防雷措施技术经济性评估 [J]. 高电压技术，2011，37（2）：290-297.

[32] 江安烽，李锐海，牛萍，等. 后续雷击对输电线路绕击耐雷性能的影响研究 [J]. 上海交通大学学报，2015，49（4）：411-417.

[33] 彭向阳，钱冠军，李鑫，等. 架空输电线路跳闸故障智能诊断 [J]. 高电压技术，2012，38（8）：1965-1972.

[34] 彭向阳，李鑫，姚森敬，等. 基于行波电流暂态特性的输电线路故障原因辨识 [J]. 南方电网技术，2012，6（5）：43-47.

[35] 杜林，陈褰，陈少卿，等. 架空输电线路雷电绕击与反击的识别 [J]. 高电压技术，2014，40（9）：2885-2893.

[36] 姚陈果，吴昊，王琪，等. 基于非接触式雷电流测量装置的新型线路分布式雷击故障定位方法 [J]. 高电压技术，2014，40（9）：2894-2902.

[37] 吴焯军，赵淳，张伟忠，等. 直流输电线路雷害现状与分析 [J]. 高压电器，2014，50（5）：134-139.

[38] 邬乾晋，周全，黄义隆，等. 高压直流典型线路雷击故障的控制保护响应研究 [J]. 电力系统保护与控制，2014，42（20）：140-145.

[39] KOCH R E, TIMOSHENKO J A, ANDERSON J G, et al.Design of zinc oxide transmission line arresters for application on 138kV towers [J]. IEEE Transactions on Power Apparatus and Systems, 1985, 5（10）: 2675-2680.

[40] FURUKAWA S, USUDA O, ISOZAKI T, et al.Development and applications of lightning arresters for transmission lines [J]. IEEE Transactions on Power Delivery, 1989, 4（4）: 2121-2129.

[41] 王剑，谷山强，赵淳，等. ±800kV 直流输电线路雷害风险评估方法 [J]. 高电压技术，2016，42（12）：3781-3787.

[42] 杨庆，赵杰，司马文霞，等. 云广特高压直流输电线路反击耐雷性能 [J]. 高电压技术，2008，34（7）：1330-1335.

[43] 何金良. ±800kV 云广特高压直流线路雷电防护特性 [J]. 南方电网技术，2013，7（1）：21-27.

[44] GU Shanqiang, CHEN Jiahong, FENG Wanxing, et al.Development and application of lightning protection technologies in power grids of China[J]. 高电压技术，2013，39（10）：

2329 – 2343.

[45] 何金良，曾嵘，陈水明. 输电线路雷电防护技术研究（三）：防护措施 [J]. 高电压技术，2009，35（12）：2917 – 2923.

[46] 易辉，崔江流. 我国输电线路运行现状及防雷保护 [J]. 高电压技术，2001，27（6）：44 – 45，50.

[47] 张刘春. ±1100kV 特高压直流输电线路防雷保护 [J]. 电工技术学报，2018，33（19）：4611 – 4617.

[48] 雷成华. ±500kV 线路避雷器用在直流线路防雷中的运行分析 [J]. 电瓷避雷器，2016（3）：70 – 74.

[49] 陈寿军. 沿海地区雷电活动特征与风险区划研究：以江苏南通为例 [D]. 南京：南京师范大学，2013.

[50] 李永福，司马文霞，陈林，等. 基于雷电定位数据的雷电流参数随海拔变化规律 [J]. 高电压技术，2011，37（7）：1634 – 1641.

[51] 王学良，余田野，贺姗，等. 区域海拔高度对云地闪电参数分布的影响 [J]. 高电压技术，2020，46（4）：1206 – 1215.

[52] 曲学斌，王彦平，杨淑香，等. 2014～2018 年内蒙古大兴安岭地区干雷电时空分布特征 [J]. 气象与环境学报，2021，37（1）：53 – 58.

[53] 王振林，李盛涛. 氧化锌压敏陶瓷制造及应用 [M]. 北京：科学出版社，2009.

[54] 熊泰昌. 电力避雷器 [M]. 北京：中国水利水电出版社，2013.

[55] 王昌长，李福祺，高胜友. 电力设备的在线监测与故障诊断 [M]. 北京：清华大学出版社，2006.

[56] 胡瑞华. 运行中氧化锌避雷器泄漏电流的测量 [J]. 高电压技术，1992，18（4）：34 – 37.

[57] 贾逸梅，粟福珩. 在线监测氧化锌避雷器泄漏电流的方法 [J]. 高电压技术，1991，17（3）：30 – 35.

[58] YU F SUN G L. Rolling shutter distortion removal based on curve interpolation [J]. IEEE Trans.Consumer Electronics，2012，58（3）：1045 – 1050.

[59] 孟鹏飞，刘政，曹伟，等. 考虑微观特性的 ZnO 压敏电阻计算模拟模型 [J]. 中国电机工程学报，2021，41（5）：1588 – 1597.

[60] 黄昆. 固体物理学 [M]. 北京：北京大学出版社，2014.

[61] 冯端，金国钧. 凝聚态物理学 [M]. 北京：高等教育出版社，2013.

［62］ 祝志祥，张强，曹伟，等. 不同稀土氧化物掺杂对 ZnO 压敏电阻性能的影响［J］. 陶瓷学报，2021，42（4）：595－600.

［63］ 万帅，许衡，曹伟，等. La$_2$O$_3$ 的掺杂对氧化锌压敏陶瓷电性能的影响［J］. 压电与声光，2020，42（3）：353－356＋360.

索　引